유쾌한 공생을 꿈꾸다

WATASHI NO NOU WA NAZE MUSHI GA SUKIKA? by Takeshi Yourou.
Copyright ⓒ 2005 by Takeshi Yourou. All rights reserved.
Originally published in Japan by Nikkei Business Publications, INC.
This Korean edition published by arrangement with Nikkei Business Publications, INC.,
Tokyo through Tuttle-Mori Agency, Inc., Tokyo and Yu Ri Jang Literary Agency, Seoul.

이 책의 한국어판 저작권은 유.리.장 에이전시를 통한 저작권자와 독점 계약으로 전나무숲에 있습니다.
저작권법에 의해 한국 내에서 보호를 받는 저작물이므로 무단 전재와 무단 복제를 금합니다.

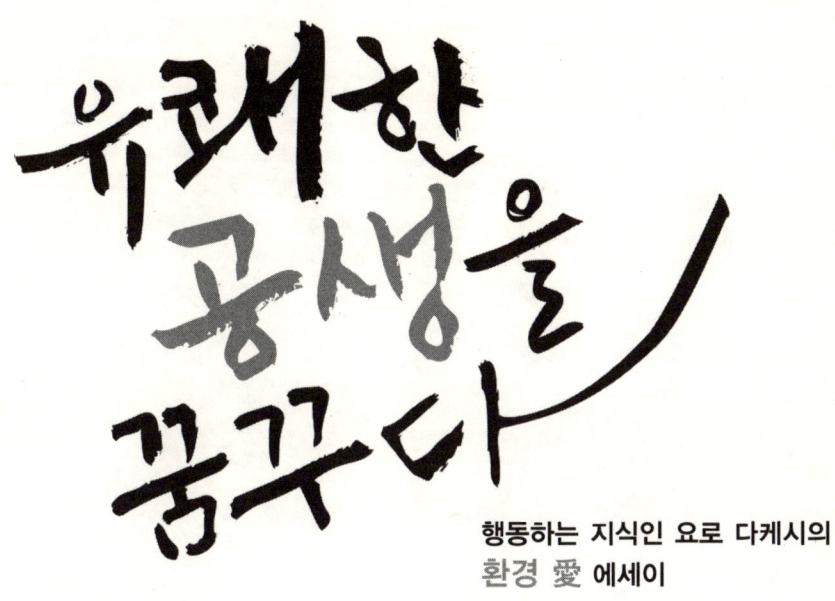

유쾌한 공생을 꿈꾸다

행동하는 지식인 요로 다케시의
환경 愛 에세이

요로 다케시 지음 | 황소연 옮김

전나무숲

일러두기

1. 이 책은 『닛케이 에콜로지(日エコロジ)』에 1999년 7월호부터 2000년 6월호까지 연재된 칼럼인 「요로 다케시의 곤충의 눈빛」을 가필한 책이다.
2. 연재 시기는 대부분 명시하지 않았으나, 일부 글은 내용 이해를 위해 연재 시기를 각주 혹은 괄호 안에 표기했다.
3. 연재 시기를 제외한 모든 각주는 역자 주와 편집자 주이다.

편집자의 글

오직 곤충만 생각하고픈
한 노학자의 속 깊은 자연 이야기

　이 책은 일본의 대표적인 지성인이자 행동하는 지식인으로 추앙받는 요로 다케시의 첫 환경 에세이다. 해부학을 전공한 그는 일본에서 『바보의 벽』, 『죽음의 벽』, 『유뇌론』 등을 발표하면서 다채로운 담론을 생성, 이미 많은 수의 고정 팬을 확보한 작가이지만 이 책에서는 오직 곤충만 보고 곤충만 생각하고 싶다는 진솔한 심경과 함께 자연에 대한 애착과 안타까움을 맘껏 드러내고 있다.

　우리가 이 책을 선택하고 번역 출간하게 된 계기는 두 가지다. 요로 다케시라는 지성인의 개인 취미(곤충채집)에 대한 흥미가 첫 번째 이유이고,

두 번째는 인간의 삶을 꿰뚫는 통찰력으로 자연과 인간의 어우러짐에 대해 진지하고 속 깊은 반성과 충고를 하고 있기 때문이다.

그런데 '대표 지성', '행동하는 지식인'으로 불리는 그가 수많은 동식물 가운데 하필이면 왜 곤충을 선택한 걸까? 그는 자신을 '곤충쟁이'라 칭하고 곤충관을 짓고 곤충 도감을 펴낼 만큼 곤충을 아끼고 사랑한다. 하지만 여러분도 다 알고 있듯이 곤충이 밥을 먹여주지는 않는다! 곤충채집이란 철없던 어린 시절에나 하는 재미있는 놀이일 뿐이다. 어른들, 아니 조금만 철이 들어도 곤충 따위는 세상에 없는 존재다. 간혹 어두컴컴한 한밤중에 스멀스멀 더듬이를 세우며 귀신처럼 출몰하는 바퀴벌레와 눈이라도 마주쳐야 우리 뇌에 곤충이 아닌 '벌레'란 존재가 입력된다.

요로 다케시 역시 이 사실을 인정하고 있다. 하지만 그가 곤충을 놓지 못하는 이유는 곤충채집을 통해 살아가는 기쁨을 느끼고, 곤충이라는 소우주를 통해 대자연 속 인간이 얼마나 하찮은 존재인지를 깨달을 수 있으며,

인간이 미래를 보장받으려면 자연을 향한 삶을 살면서 녹색을 지켜나가야 한다는 사실을 인간 스스로 깨우치도록 곤충이 몸소 보여주기 때문이다. 이처럼 요로 다케시는 곤충을 통해 정치와 경제, 환경, 교육, 인간의 심리와 사회구조를 들여다본다. 일흔을 넘긴 그이지만, 곤충채집을 계속하겠다는 의지를 보이는 것으로 이 책은 마무리된다.

우리가 이 책을 번역하고 편집하는 과정에서 가장 예민하게 신경 쓴 부분이 있다. 바로 일본의 환경 개발 관련 사례들이다. 요로 다케시가 이 책에서 제시한 사례들은 비록 5~10년 전 일본의 모습이지만 지금 우리나라의 모습과 다를 바 없어 보인다. 지금 우리는 생활의 화려함과 편리함에 도취되어 곤충이, 야생동물이, 희귀식물이 죽어가는지엔 신경도 쓰지 않는다. 지구온난화로 전세계가 메말라가고 있음을 알면서도 바다를 메워 도시를 만들고 있지 않은가. "오직 '먹고살기 위해서'라는 명목으로 자연을 무참히 파괴할 권리가 과연 우리에게 있을까?" 하고 생각해볼 일이다.

'세계화'라는 말이 무색할 만큼 이제 전세계는 하나가 됐다. 한국에서 벌어지고 있는 일이 비단 한국만의 일이 아니고, 일본에서 벌어지고 있는 일 또한 일본만의 일이 아니다. 옛사람들은 '다른 사람의 하찮은 언행일지라도 자신의 학덕을 연마하는 데 도움이 된다'는 의미로 타산지석(他山之石)이란 고사성어를 만들었다. 어른의 말씀을 들으면 하나도 손해 볼 게 없다. 이 책에 나오는 일본을 비롯한 각 나라의 개발 후유증을 우리는 타산지석으로 삼아야 할 것이다.

전나무숲 편집부

시작하는 글

나는 왜 곤충채집에 열광할까?

　이 책은 『닛케이 에콜로지』라는 잡지에 연재한 글을 단행본으로 엮은 것이다. 내가 도쿄대를 퇴임한 후, 곤충채집에 발 벗고 나섰던 시기의 기록이기도 하다. 당시의 화젯거리를 써두었기 때문에 진부한 글감도 있을 것이다. 하지만 기록 면에서는 그런 대로 의미가 있다.

　이 책에는 외국에 갔을 때 느낀 내용과 경험이 자주 나오는데, 그때 맛보았던 인상들은 시간이 지난 지금도 변함이 없다. 아울러 잡지 성격상 환경문제, 특히 자연보호를 논한 글이 눈에 많이 띈다. 2005년 만국박람회가 열린 아이치(愛知) 현의 해상 숲을 찾았던 일은 지금 생각해도 감개무량하다. 이렇듯 10년 전과 오늘을 비교하는 일은 독자 여러분께 소소한 재미를 안겨줄 것이라 믿어 의심치 않는다.

지난 10년 동안 내가 한 일이라곤 오로지 신명나게 곤충채집을 한 것뿐이었다. 그러나 세상은 10년이라는 시간 속에서 많이 변했다. 그때와 달리 지금의 나에게는 '작가'라는 직함이 따라다닌다. 책이 생각보다 좋은 반응을 보인 덕분이라고 생각한다. 때문에 은퇴를 하고 싶어도 정년을 잊은 지 오래다. 가끔 작가 일을 두고 '내가 진정으로 원했던 일이었나?' 하고 스스로에게 묻기도 한다. 하지만 솔직히 말해서 나도 잘 모르겠다. 원래는 곤충만 생각하면서 살고 싶었는데 이 역시 뜻대로 잘 안 됐기 때문이다. 그러나 지금도 곤충채집망은 절대 놓지 않는다. 이 일이 내게는 가장 신나고 재미있는 일이기 때문이다.

무엇보다 내가 이 일을 그만둘 수 없는 이유는 재미있기 때문이다. 이런 간절한 마음을 사람들에게 전하고 싶지만, 곤충을 전혀 모르는 독자들에게 곤충의 묘미를 전하는 일이란 그리 쉬운 일이 아니다. 그도 그럴 것이 사물 그 자체에 대한 설명은 때로 멋과 맛을 앗아가기 때문이다.

독자들은 이 책에서 곤충 주변을 기웃거리는 내 모습을 볼 것이다. 이는 독자들에게 곤충에 대해서 더 자세히 알려주기 위함인데, 이런 속내에 독자들이 속아 넘어가 곤충을 만나러 나선다면 더 이상 바랄 게 없겠다.

요로 다케시

차례

편집자의 글 _ 오직 곤충만 생각하고픈 한 노학자의 속 깊은 자연 이야기 · 5
글을 시작하며 _ 나는 왜 곤충채집에 열광할까? · 9

1. 왜 하필 '곤충'인가?

당신에게 곤충이란 무엇인가 · 19
곤충쟁이들이 살아가는 방식 · 25
좋고 싫음의 기준 · 31
자연사는 삶의 방식이다 · 37
자연이 건재한 나라들 · 43
나는 이런 이유로 곤충채집을 권한다 · 49
신비로운 곤충의 빛깔 · 55
내가 곤충을 잡는 방법 · 61
젊은 날의 모습을 간직한 첫사랑을 만나고 싶다 · 67
곤충표본을 어디에 둘까 · 73

2. 곤충쟁이의 행복하고도 우울한 발견

호주에서 만난 생물들 · 81

곤충은 변함없이 봄을 알린다 · 88

마을 뒷산이 천국이다 · 94

베트남을 가다 1 _ 민둥산의 운명 · 103

베트남을 가다 2 _ 곤충 마을 사람들 · 109

작디작아서 더 사랑한다 · 116

아프리카를 가다 1 _ 낯선 땅에서 본 익숙한 곤충들 · 122

아프리카를 가다 2 _ 마사이 운전사 제임스 · 129

아프리카를 가다 3 _ 과연 마다가스카르답다 · 135

아프리카를 가다 4 _ 카멜레온과 바오바브나무 · 142

아프리카를 가다 5 _ 엘곤 산에 오르다 · 148

아프리카를 가다 6 _ 녹색 천지에 부는 미묘한 변화의 바람 · 154

3. 다양한 개체들의 어울림을 그리다

멸종과 다양성의 관계 · 163

푸껫에서의 여유로운 사색 · 169

당신도 '인내회' 회원입니까 · 175

외국에서 기초과학을 빌려와야만 하는 이유 · 181

곤충의 눈으로 환경문제를 바라보다 · 187

철부지 계집애와 책임감 있는 어른 · 193

궁핍했던 시절의 위대한 업적들 · 199

세상이 변한다는 것은 · 205

'환경 사랑'의 속내 · 211

자연이라는 브랜드 · 217

교육문제는 환경문제다 · 223

환경문제와 정치의 복잡한 관계 · 229

정답은 생각만큼 단순하지 않다 · 235

그럴 수밖에 없는 현대인의 숙명 · 241

글을 마치며 _ '요로 곤충관'의 완성, 나의 자연사 몰두는 계속된다 · 247

옮긴이의 글 _ 요로 다케시의 곤충은 그렇게 찾아왔다 · 250

1. 왜 하필 '곤충'인가?

곤충의 빛깔이란 이래도 저래도 상관없다고 본다.
이래도 흥, 저래도 흥, 그게 바로 곤충의 세계다.
바로 이런 점이 곤충의 묘미다. 그런데 많은 사람들이 주목하지 않는 사소한 차이에 실제로
아주 커다란 의미가 담겨 있을지도 모른다. 물론 그렇지 않을 가능성이 거의 99퍼센트 이상이지만 말이다.
그래도 결코 제로는 아니다. 결코 제로라고 말할 수 없는
1퍼센트의 가능성을 좇는 태도와 마음가짐이 바로 낭만주의다.

당신에게 곤충이란 무엇인가

요즘에는 곤충을 좋아하는 사람들이 의외로 많아졌다. 이런 내 생각을 뒷받침이라도 하듯, 곤충쟁이 불문학자인 오쿠모토 다이사부로(奧本大三郎) 씨는 일본의 곤충 사랑에 견줄 만한 나라는 빅토리아 왕조의 영국뿐이라고 주장했다.

사람들은 종종 내게 "왜 하필 곤충인가?"라는 질문을 던진다. 고개를 갸우뚱하는 상대방에게 맘먹고 덤벼들면 설명할 것들이 무궁무진하다. 그러나 내가 아무리 장황하게 떠들어대도 진심으로 곤충 이야기에 귀 기울여 주는 사람은 그리 많지 않다. 그저 듣는 체할 뿐이다. 아마도 대부분의 사람들은 내가 하는 곤충 이야기를 들으면서 '곤충이 밥 먹여주나?'라는 생각에 사로잡힐 것이다. 어찌 보면 평소 곤충에 관심이 없는 이들의 솔직한 속내가 아닐까 싶다.

정치는 이러한 세상을 집약한 사회다. 인간의 온갖 욕심이 얽히고설켜 정치라는 형식으로 결정화됐기 때문이다. 그런데 곤충은 정치와 전혀 관계가 없다. 정치라고 하면, 얼마 전까지만 해도 좌파와 우파, 좌익과 우익이 정치의 모든 것을 대변했다. 이를 수학 기호로 나타내면, 우익과 좌익은 x축상의 대립이다. x축의 플러스 방향이 우익이라면, 마이너스 방향이 좌익이다. 이때 플러스, 마이너스 방향을 반대로 뒤집어도 상관없다. 가끔 혁명이 일어나서 좌우가 뒤바뀔 때도 있기 때문이다. 곧 좌파가 우파가 되고, 우파가 좌파가 되는 것이다.

이는 구(舊) 소련을 봐도 명백하다. 지금 러시아의 우익은 공산당이다. 예전 일본의 극좌파 세력이었던 전공투® 인사들은 제2차 세계대전이 일어나기 전 우익 사상가였던 기타 잇키(北一輝)의 저서를 애독했다. 그렇다면 xy 축에서 곤충은 어디쯤에 있을까?

물론 y축이다. y축상의 점은 x축에서 보면 모두 0이다. 곧 정치로 대변되는 세상의 눈으로 바라보면 곤충은 없다. 이따금 눈에 들어오는 곤충은 눈엣가시라며 밟아 죽인다. 바로 이 점이 곤충에 대한 시각을 기르는 의의를 대변해준다. 그도 그럴 것이 곤충이라는 축은 세상이라는 축과 직교하

● 전공투(全共鬪) : 전학공투회의의 줄임말로 1960년대 말에서 1970년대 초에 일어났던 일본 내 학생 운동 세력

기 때문이다. 세상에 발을 딛고서 곤충에도 관심을 가지면 세계는 x와 y축이 공존하는 이차원 평면으로 보인다. 반면에 곤충을 무시하고 세상만 바라본다면 x축 위에서만 살아가게 된다. 다시 말해 '우물 안의 개구리'가 된다는 말이다.

그러니 입시 교육은 성적 순위로 모든 것을 재단하려는 병폐를 낳는다. 좀 더 자세히 말하면, 성적 순위의 근거는 0점에서 최고점까지 가로로 쭉 늘어선 점수의 정규 분포 그래프다. 이 그래프에는 언뜻 보기에 세로축이 있는 것 같지만 이때 세로축은 그저 인원수로, 시험 점수와는 독립된 변수로 작용하지 않는다. 다시 말해 이 그래프에서 말하는 세로축은 '각 점수대별 학생 수'라는 점수의 속성 가운데 하나에 불과하다.

학생은 "내 점수는 몇 점이다"라고 자신의 점수에 의미를 부여하지만, 성적을 매기는 교사는 "몇 점에 몇 명의 학생이 속하느냐" 하는 문제에만 관심이 있다. 이렇다 보니 대학 입시 때 300점과 299점 사이에 합격 기준의 선을 긋는 건 당연한 일이 됐다. 이로 말미암아 학생들은 1점 차이로 합격과 불합격을 맛보며 천국과 지옥을 오간다.

그런데 곤충은 이런 세상의 속성으로 설명할 수 없다. y축에서 보면 x축 곧 세상사 모든 일은 0의 이야기다. x축의 하늘과 땅 차이는 y축에서는 '그래 봤자 0'이기 때문이다. 세상 사람들이 곤충을 무시하듯이, 곤충은 세상을 무시한다. 그러니 곤충을 한번 '알아 모시는' 일도 나름 의미가 있지 않을까?

때때로 이런 이야기를 사람들에게 들려주면 곤충에 의구심을 갖는 사람들은 어리둥절해 한다. 요컨대 "왜 하필 곤충인가?"라는 질문의 답을 폭넓은 시각, 풍부한 시점에서 찾는 것인데, 안타깝게도 현대 도시인들에게는 이런 다양한 관점이 턱없이 부족하기 때문이다.

곤충 시점은 빅토리아 왕조 시대의 영국에도 있었고, 19세기 말 프랑스에도 있었다. 전자의 대표 주자는 찰스 다윈(Charles Darwin)과 앨프레드 월리스(Alfred Wallace), 후자의 대표 주자는 장 앙리 파브르(Jean Henri Fabre)다. 만약 그들의 이름을 처음 듣는다면, 당신은 완벽한 현대인이다!

제2차 세계대전 이후에 일본은 "더 빨리"를 외치며 도시화의 가속 페달을 밟았다. 덕분에 푸른 숲보다는 빌딩 숲이 더 친근할 정도로 도시화는 눈부신 발전을 거듭했다. 그런데 우리네 아버지의 아버지 세대는 대부분 도시가 아닌 농촌을 지키는 농민이었다. 바로 이 농민의 시점이 곤충 시점과 맥락을 같이한다. 이는 메뚜기가 해충이니까 곤충에 관심을 갖는다는 뜻이 아니다. 대부분의 농민들은 곤충 자체에 그다지 관심이 없다. 다만 농촌 생활 자체가 곤충의 시점과 아주 비슷하다.

그렇다면 '곤충 시점'이란 무엇일까? 이는 자연의 실재(實在)다. 곤충쟁이들은 곤충을 통해 자연을 들여다본다. 여기부터는 이야기가 좀 어려워진다. 왜냐하면 본인에게 실제로 존재하지 않는 '뭔가'는 열심히 설명을 들어도 그 설명이 제대로 와닿지 않기 때문이다. 일본 철학에서 실재론은 없다. 일본에서 실재하는 것은 딱 하나, 세상뿐이다. 일본인들이 믿는 실재는 세상이라는 x축 하나다.

사람들에게 뭔가가 실재한다면, 그 실재는 사람의 행동에 영향을 끼친다. 바로 이것이 실재의 실체인 것이다. 땅바닥을 기어가는 곤충이 있으면 나는 발걸음을 멈춘다. 반면에 많은 사람들은 곤충에게 눈길 한번 주지 않고 밟아 짓누른다. 애당초 보이지도 않고 실재하지도 않는 존재이므로 밟아 뭉개는 것이다. 게다가 곤충은 작아서 사람들의 눈에 잘 띄지도 않는다.

나는 초등학교 때부터 시력이 좋지 않았다. 지금은 노안에 백내장, 거기다 오른쪽 눈에는 녹내장까지 있다. 그래도 곤충은 보인다. 날아다니는 곤충이 풍뎅이인지 하늘소인지, 아니면 방아벌레인지 쉽게 구별할 수 있다. 어지간해서는 갑충*을 거의 확실하게 식별하기 때문에 날고 있는 곤충을 향해 손을 뻗어서 잡아본다. 그리고 곤충의 정체를 두 눈으로 확인한다.

이런 행동은 내게 곤충이 실재한다는 의미다. 왜냐하면 곤충은 내 행동을 유발하기 때문이다. 대개 곤충은 인간 행동의 유인(誘因)으로 작용하지 않는다. 그러니 눈에 잘 보이지 않는 작은 곤충이 날고 있을 때 내가 어떤 행동을 하면 주위 사람들은 나를 이상하게 쳐다본다. 느닷없이 아무도 없는 허공을 향해 손을 흔들다가 이내 땅바닥을 노려보기 때문이다. 옷깃을 스치며 지나가던 사람이 다행히도 선량한 시민이라면 이런 내 모습을 보고도 못 본 체하면서 발걸음을 재촉할 것이다. 또 어떤 사람은 지금 병원으로 가거나 병원에서 나오는 길이거나 혹은 입원을 거부하는 환자로 볼 것이다.

지금부터는 뇌에 곤충이 실재하지 않는 사람들에게 곤충을 이야기하려

● 갑충(甲蟲) : 딱정벌레목의 곤충을 통틀어 이르는 말

다. 이 작업은 쉽지 않은 일이다. 먼저 곤충의 실재를 그 사람의 뇌에 심어 줘야 하기 때문이다. 솔직히 불가능한 일이다. 뇌의 실재감이란 타인의 간섭을 허용할 만큼 호락호락하지 않다. 뇌에 신이 실재하는 사람에게 "신은 인간이 생각해낸 존재"라고 아무리 떠들어봤자 의미가 없다. 이런 주제를 놓고 상대방을 설복하려 들면, 반대로 설복당하는 것이 세상 이치다. 간혹 국가권력이 국민들에게 실재감을 조작하려고 시도할 때가 있다. 이럴 때는 엄청난 문제를 일으킨다. 마오쩌둥은 베이징대학교 학생들에게 농촌의 실재를 가르치려고 했지만 실패했다. 문화대혁명 이후 나타난 현상은 중국의 발 빠른 도시화였다.

사람들에게 곤충이 실재한다는 사실을 어떻게 설명해야 할까? 이것이 나에게 주어진 과제다. 어찌 보면 이 문제는 풀 수 없는 숙제에 가깝지만 최선을 다해 노력하자는 게 내 소임이라고 본다.

곤충쟁이들이 살아가는 방식

곤충을 좋아하는 사람은 곤충을 얼마만큼 사랑할까? 첫사랑의 열병을 앓고 있는 10대도 아니고, 처음부터 좋고 싫은 감정을 객관적인 수치로 가늠하는 일 자체가 불가능한 일인지도 모른다. 하지만 곤충과 치명적인 사랑에 빠진 사람이 많은 것만은 확실하다. 이는 곤충을 사랑하는 곤충쟁이들과 함께 여행을 떠나 보면 바로 알 수 있다. 그들은 곤충이라면 물불 가리지 않고 달려들고, 곤충과 얽히지 않은 일에는 늘 심드렁하다. 그리하여 곤충쟁이들의 일상 모습만 본 사람들 사이에선 심지어 "곤충쟁이들은 쿨해!"라는 말이 나돌 정도다.

예전에 말레이시아로 곤충채집을 떠난 사람들이 있었는데 그 일행 중한 명은 일본을 떠나기 전부터 건강 상태가 심상치 않았다. 현지에 도착해서도 몸이 나른하고 열이 나서 곤충을 잡으러 다닐 만한 상황이 아니었다. 그러자 나머지 곤충쟁이들은 앓고 있는 친구를 혼자 호텔 객실에 남겨두고 곤충을 만나러 가버렸다. 일행이 곤충을 잡으러 이 산, 저 산을 헤집고 다니다가 다시 숙소를 찾은 것은 일주일 후였다. 공교롭게도 이날은 이들의 귀국 예정일이었다. 물론 동료들이 돌아올 때까지 환자는 홀로 호텔 객실에 누워 있어야만 했다.

　일본에 오자마자 병원을 찾은 이 사람은 급성 간염이라는 진단을 받았다. 의사 목소리를 빌려 말하면, 급성 간염이 죽을병은 아니다. 하지만 낯선 땅에서 혼자 끙끙 앓아야 하는 환자의 심정은 오죽했을까 싶다. 여하튼 곤충쟁이와 함께 여행을 떠난다면 곤충 말고는 전혀 인연이 없음을 단단히 각오해야 한다.

　곤충채집 이외의 일로 가족과 함께 호젓한 산길을 드라이브할 때가 있다. 그때 곤충쟁이들은 곧잘 "잠깐만, 차 좀 세워봐" 하고 다급히 외친다. 곤충을 만날 수 있을 것 같은 좋은 예감이 들어 차에서 내려 직접 확인하고 싶어서다. 이때 가족들은 '잠깐만'이라는 단어를 곧이곧대로 믿지만 30분이 지나도, 1시간, 2시간이 지나도 감감무소식이다. 대부분의 곤충쟁이들은 이런 이유로 부인한테 일주일 내내 잔소리를 들은 기억이 분명 있을 것이다. 단순히 잔소리에 그쳤다면 그나마 다행이다. 대개는 '내놓은' 남편 취급당하기 일쑤다. 그러고 보니 어느 여배우의 고백이 생각난다.

　"대만으로 신혼여행을 갔어요. 근데 남편이 신부인 저는 나 몰라라 하고 혼자 나가버렸지 뭐예요."

신부를 바람맞힌 신랑은 나비 채집광이었다. 그런데 이 고백을 한 여주인공은 다름 아닌 일본 영화계의 대모 기키 기린(樹木希林) 씨였다.

곤충과 치명적인 사랑에 빠진 사람에게는 두고두고 회자될 만한 에피소드가 무궁무진하다. 그러니 곤충 '덕분에' 혹은 곤충 '때문에' 독신으로 지냈다는 사람의 말도 억지 주장은 아닐 것이다. 비교 대상은 될 수 없겠지만, 내가 보기에는 부인보다 곤충이 더 먼저인 곤충쟁이가 많은 듯하다.

며칠 전 규슈(九州)에서 곤충을 사랑하는 경찰을 만났다. 곤충을 사랑하다 보니 이 경찰은 출세에는 전혀 관심이 없었다. 동기들은 모두 경찰 간부로 승승장구하는데 쉰이 넘어서도 말단 순경이었다. 근무하는 파출소에서 교통 위반 검거율이 가장 낮은 경찰이라고 했다. 아마도 일이 늘어나는 게 성가셔서 교통법규 위반자에게 간단히 설교만 하고 보내주는 것 같았다. 속내야 어떻든 이런 사람은 대개 좋은 사람으로 정평이 나 있기 마련이다. 명예나 출세에 욕심이 많으면 하기 싫은 일도 기꺼이 해야 할 때가 많아져 곤충을 만나러 갈 시간이 그만큼 줄어들지만 이 경찰처럼 욕심을 덜면 그럴 염려가 없다.

만약 내가 도쿄대학교 총장 자리에 오르면 24시간, 일거수일투족을 공개해야 한다. 그런데 곤충쟁이가 있는 곳은 바로 곤충이 있는 곳이다. 24시간 동안 '어디'에 있었는지는 모르지만 어떤 곤충과 함께 있었는지는 자세히 안다. 대개 사람들이 가지 않는 깊은 산속에 있었겠지만 말이다. 따라서 곤충과 출세는 친해지기 어렵다.

그 경찰은 쉰이 훌쩍 넘어서 한 계단 진급했다. 주위 사람들에게 눈치가 보여서 어쩔 수 없이 자리에 올랐다고 한다. 문득 그의 부인도 보통 사람이 아니라는 생각이 들었다. 웬만큼 마음이 넓지 않고서야 이런 남편을 받아주기는 어려울 테니까 말이다.

그렇다면 곤충을 사랑하는 사람들은 죄다 제멋대로일까? 나는 절대 그렇지 않다고 생각한다. 팔은 안으로 굽는다고 곤충쟁이 편을 들 수밖에 없겠지만 이는 단순히 곤충쟁이를 옹호하려고 하는 이야기는 아니다.

일단 곤충채집에 나서면 모든 사고방식과 행동이 '기능' 모드로 바뀐다. 그 기능주의가 세상의 형식과 가끔 맞지 않을 때가 있다. 지금까지 소개한 일화들이 그러하다. 집에서 뒹굴거릴 시간이 생기면 무조건 곤충을 잡으러 나간다. 혹은 표본을 보거나 표본을 정리한다. 곤충과 함께하는 시간이 많아도 늘 부족함을 느낀다. 그러니 우선순위를 매겨야 하는데 소중한 곤충을 살리기 위해서는 덜 소중한 곤충은 죽여야 한다. 곤충쟁이에게는 이 우선순위가 지극히 명료할 뿐이다. 이는 매우 중요한 부분이다.

세상에는 뒤죽박죽된 우선순위 때문에 말도 안 되는 일이 많이 생긴다. 일례로, 대학은 열심히 공부하는 곳이다. 그런데 입시 관문 통과가 학생들의 지상 과제이다 보니 죽기 살기로 공부하는 시기는 수험생 시절뿐이다. 정작 대학에 들어오면 학생들은 공부를 멀리한다. 바로 이런 세상의 모순이 우선순위를 매기지 않는다는 증거다.

좀 구닥다리 이야기를 해보자. 관계자에게는 미안하지만, 예전의 일본 육군이 그랬다. 자칭 '무적 황군(皇軍)'이라고 불렀으나 중요한 전투 때마다

패했다는 것에 솔직히 의심이 든다. 전투는 말 그대로 시시한 싸움도 있지만 생사를 가르는 대전투도 있다. 그런데 시시한 싸움에서 매번 승리해도 사활이 걸린 대전투에서 한 번 패하면 아무 의미가 없다. 이것도 우선순위의 문제다. 이를 가치관의 문제로 여기는 사람도 있으나 나는 그렇게 생각하지 않는다. 가치관은 동일해도 우선순위는 다르기 때문이다.

가장 중요한 일을 가장 먼저 결정해야 한다. 이 원칙만 정하면 나머지는 자동으로 정해진다. 정말로 기능이 필요한 일이라면 꼭 그래야 한다. 우선순위를 정하지 않는 이유는 그다지 중요하지 않기 때문이다. 예를 들면 정부기관 인사에서 누구를 차관으로 모실 것인지가 화제에 오를 때가 있다. 이는 누가 되어도 상관없기 때문에 화제가 된다. '꼭 이 사람이어야만' 하는 절박한 상황이라면 차관 인사가 화젯거리에 오르지 않는다. 앞서 말한 일본 육군도 마찬가지다. 곧 전시 상황이 아닌 평상시 기준으로 인사를 단행하다 보니 피비린내 나는 전투에서는 이길 수가 없었다.

의학 분야에서 가장 충격을 받은 순간은 중일전쟁 당시 일본군 전사자 중 굶어 죽은 군인이 상당수였던 사실을 처음 접했을 때였다. 그들은 영양실조로 후송되어 병원에서 차마 회복하지 못하고 죽고 말았다. 이후 영양실조라는 개념이 확립되었다고 한다. 일본 전국시대의 사무라이는 "배가 고프면 싸움을 할 수 없다"고 소리쳤다. 그런데 에도시대에 접어들면 "사무라이는 굶고도 먹은 체를 한다"고 형식 중시로 태도가 돌변했다. 이렇듯 기능 중시와 형식 중시는 결과물이 180도 달라질 수 있다.

같은 맥락에서 말하면 곤충쟁이들은 기능을 중시하는 사람들이다. 그러니 형식이 아닌 내용, 곧 기능 이야기가 나오면 상당히 고무된다. 말단 순경이든 경찰청장이든 세상의 시선이 아닌 '실질적으로 내가 해야 할 일이 무엇인가?'를 먼저 따지는 사람들이다. 이 물음의 답에 따라서 "난 순경이 좋아", "난 청장이 좋아!" 하고 나뉘는 것이다.

"난 곤충이 좋아!"

이 원칙만 정해지면 나머지는 자연스럽게 정해진다. 하지만 세상에는 이렇게 사고방식이 단순명료한 사람이 많지 않다. 그래서 대개 '곤충쟁이들은 세상을 모른다'고 하지만 어쩌면 세상 사람들이 인생을 모르는지도 모른다. 어차피 눈 깜짝할 사이에 흘러가는 게 인생이다. 찰나의 인생에서 스스로 무엇이 가장 으뜸인지 정하지 못한다면 인생이라는 중대사에서 매 순간 어떻게 결정을 내릴 수 있단 말인가. 반대로, 가장 중요한 일 순위만 정해지면 나머지는 아무것도 아니다. 인생의 자질구레한 부분들이다.

오늘날 이런 생각을 지니고 삶을 영위하는 사람들이 많이 줄었다. 아니, 인생의 아마추어들이 늘어났다고 해야 할까?

좋고 싫음의 기준

며칠 전 섬뜩한 팩스 한 통을 받았다. 싱가포르에서 온 팩스였는데 발신인의 이름을 보니 여성인 듯했다. 그런데 정작 본문에는 큼지막한 물음표만 하나 있는 게 아닌가. 추측컨대, 그 물음표의 의미는 '나는 누구일까요?'가 아닐까 싶다. 일본 여성이라면 결혼과 동시에 남편 성을 따르기 때문에 지인이라도 이름만으로는 누구인지 확인할 길이 없다. 자세히 보니 '나는 곤충을 싫어합니다'라는 추신이 곁들여 있었다. 곤충이 싫다고 애써 밝힌 걸 보면 잡지에 실리는 내 칼럼을 읽은 독자인지도 모르겠다.

곤충에는 분명 호불호의 문제가 있다. 실은 곤충 사랑을 떠들고 있는 나도 개인적으로 싫어하는 곤충이 아주 많다. 우선 다리가 길고, 다리 수가 많은 녀석은 딱 질색이다. 새로 단장한 새집에 이사 온 첫날, 새하얀 거실 벽에 커다란 그리마*가 붙어 있는 것을 보고 얼마나 치를 떨었는지 모른다. 나는 그리마를 무지 싫어한다. 덕분에 그리마를 처단하는 일은 매번 아내의 몫이다. 나는 보는 것 자체만으로도 몸서리를 칠 정도다.

이사 첫날부터 등장한 그리마는 수시로 얼굴을 내밀었다. '가마쿠라 그리마'라는 명칭이 있을 정도이니 우리 집에 출몰하는 그리마는 가마쿠라 그리마의 원조인지도 모른다. 제아무리 원조라고 해도 싫은 건 싫은 거다.

그다음으로 싫어하는 건 지네다. 장마철만 되면 지네 녀석도 자주 얼굴을 들이댄다. 지네의 비호감 얼굴도 싫지만, 한번 물리면 벌겋게 부어오르기까지 하니 내가 싫어할 만도 하다. 더욱이 10센티미터가 넘는 지네가 집안을 활보하는 모습을 보면 까무러치기 일보 직전이다.

신기하게도 지네가 방문 틈새나 창틀을 지나다니면 독특한 소리가 난다. 나는 이 소리를 '지네 소리'라고 하는데 어디선가 지네 소리가 들려오면 신발을 들고 냅다 도망간다. 때로는 신발을 들고 뛰는 대신 나무젓가락이나 커다란 핀셋, 그리고 팔팔 끓는 물을 채운 컵을 준비한다. 지네를 젓가락으로 집어서 뜨거운 물에 살짝 데치면 바로 작별 인사를 할 수 있다.

어느 해 창포가 꽃을 피울 즈음, 몸길이가 2센티미터 정도 되는 새끼 지네들이 우리 집 목욕탕 욕조에서 헤엄을 친 적이 있었다. 새끼 지네들이 떼를 지어 왜 목욕을 하고 있었는지에 대해서는 지금도 수수께끼다. 대개 새

● 그리마(Scutigeridae) : 지네와 비슷하게 생긴 곤충. 한국에서는 '돈벌레'라 부른다.

끼 지네는 혼자서 나타나곤 했는데 그날은 대중목욕탕을 이용하듯 단체로 떠 있었다. 아무튼 6~7월이 되면 지네가 두둥실 욕조에 떠 있는 날이 많아서 나는 우리 집 목욕탕을 '지네탕'이라고 부른다. 그래도 그리마와 지네 중에서 호감 가는 쪽을 고르라면 지네를 꼽을 것이다. 다리 길이와 몸통의 비율을 떠올리면 내 선택을 이해할 수 있을 것이다. 사람을 무느냐 물지 않느냐는 그 다음 문제다.

그리마와 지네의 친척뻘쯤 되는 노래기도 싫어하기로 유명하다. 그렇다고 그리마나 지네처럼 대놓고 싫어하지는 않는다. 이유인즉, 다리가 굉장히 짧고 다리 수가 많아서 수십 쌍의 다리가 하나씩 선명하게 구별되지 않고 뭉뚱그려 보이기 때문이다. 또 지네와 달리 노래기는 각 마디에 다리가 두 개씩 있다. 그런데도 많은 다리를 한 치의 오차 없이 하나둘 발맞추어 걷는다. 전체적인 다리의 움직임은 물결 모양을 이룬다. 다리 하나만 잘라도 전체 움직임을 재조정하기 때문에 다리 운동이 그리는 물결 모양이 변한다. 이런 모습을 관찰하고 조사한 사람이 있다니 참 할 일 없는 사람이라고 웃어넘길 수도 있다. 그러나 곤충 이야기를 이렇게 장황하게 늘어놓는 나도 별반 다르지 않다.

'롱다리' 하면 거미를 빼놓을 수 없다. 거미도 롱다리를 자랑하면서 집 안 곳곳을 누빈다. 거미 중에는 크기가 사람 손바닥보다 더 큰 녀석도 눈에 띈다. 아무리 새끼 거미가 자그마해도 그 부모와 별반 다르지 않은 첫인상 탓에 보고 싶은 얼굴은 아니다.

거미의 몸통은 다리보다는 크지 않지만 꾹 짓누르면 물기가 많아서 여기저기 포말이 흩날린다. 이 또한 내가 거미를 못마땅하게 여기는 점이다. 거미는 어릴 적부터 자주 보았으니 친해질 법도 한데 여전히 맘에 들지 않는다. 정식 명칭도 들은 적이 있는데, 생각하고 싶지 않아서인지 아주 오래 전에 까먹었다.

한편 롱다리의 대명사인 장수갈거미는 유난히 긴 다리에 원통형의 작은 몸통이 마치 허공에 매달려 있는 것 같다. '키다리 아저씨(Daddy-long-legs)'라는 영어 명칭이 안성맞춤이다. 이 '키다리 아저씨'를 처음부터 싫어한 것은 아니었다. 어릴 적 시궁창에서 자주 보곤 했는데, 어느 날 작은 몸통을 위아래로 흔드는 움직임을 발견하고는 소름이 쫙 돋았다. 아마도 나를 위협하려고 그랬던 것 같다. 이후 나는 그 롱다리를 싫어하기로 마음 먹었다.

곤충을 채집하다 보면 롱다리 거미가 꼭 망에 들어온다. 되도록 닿지 않으려고 조심조심 필요한 곤충만 골라낸다. 만약 우주인이 있다면 이 거미를 닮지 않았을까 싶다. 이유는 모르지만 왠지 그런 느낌이 든다. 반면 호감이 가는 거미도 있다. 깡충거미가 그 주인공인데 이 녀석은 왠지 싫지 않다. 내가 기억하는 깡충거미와의 첫 만남은 어릴 적 화장실에서였다. 그때까지만 해도 모든 거미는 비호감 곤충이었기 때문에 "으악" 소리를 지르며 화장실에서 뛰쳐나왔다.

그런데 어느 날 낮은 울타리 위를 깡충깡충 뜀박질하는 거미를 보게 되었다. 신기하게도 그 거미는 보자마자 끌렸다. 비록 거미지만 다리가 짧고 움직임이 빠르며 순발력도 뛰어났다. 폴짝 뛰는가 싶더니 어느새 멈추었다. 그 움직임이 내가 좋아하는 곤충을 닮았다. 그때부터 깡충거미만큼은 너그럽게 봐준다. 어쩌면 유난히 큰 깡충거미의 눈에 내가 빨려 들어간 것인지도 모르겠다.

이렇듯 곤충을 향한 내 애정은 시시각각 변한다. 이는 '좋고 싫은 것이 절대적이지 않다'는 진실을 보여준다. 좋은 게 싫어지기도 하고 싫은 게 좋아지기도 한다. 조금 엉뚱한 얘기 같지만 좋고 싫음의 문제는 차멀미, 뱃멀미와 아주 비슷하다.

뱃멀미는 훈련으로 고칠 수 있다. 배를 오랜 시간 타야만 할 때는 멀미를 심하게 하는 사람이라도 적응하기 마련이다. 그렇지 않으면 굶어 죽을 테니까 말이다. 재미난 사실은 뱃멀미는 고쳤지만 다른 교통수단을 이용했을 때는 멀미를 다시 할지도 모른다는 것이다. 이를 테면 버스를 타면 속이 거북할 수도 있다. 요컨대 멀미 자체는 그 사람을 늘 따라다닌다. 다만 어떤 진동에 의해 멀미를 하느냐에 따라 그 파장은 다르게 나타난다.

좋고 싫음도 마찬가지다. 호불호의 감정은 뇌에 늘 일정하게 존재한다. 그러니 뭔가에 익숙해지면 쉽게 친해질 수 있다. 다만 친숙한 양만큼 별반 감정이 없었던 것에 좋거나 싫은 감정을 느끼게 된다. 결국 곤충을 극단적으로 사랑한다는 이야기는 그 사랑에 비례해서 뭔가를 싫어하지 않으면 안 된다는 의미와도 상통한다. 사람에 따라서는 그 싫은 감정의 불똥이 엉뚱한 데로 튈 때도 있다. 예를 들면 직장이 싫거나 여자가 싫거나 등의 사례가 이에 해당한다. 그나마 비슷한 작은 생물인 곤충을 대상으로 이런 호불호가 나뉘는 내 사례는 너그럽게 이해해줄 수 있지 않을까?

나는 갑충을 좋아하는 만큼 거미를 싫어한다. 앞서 소개한 오쿠모토 다이사부로 씨는 곤충 사랑은 남다른 분이지만 개구리는 끔찍이 싫어한다. "며느리가 미우면 손자까지 밉다"는 말이 있듯이 나는 이름이 비슷한 거미불가사리도 질색한다.

언젠가 밤낚시를 하고 있을 때였다. 거미불가사리가 낚싯바늘에 걸렸다. 순간 나도 모르게 "어머나" 하고 소리를 지르면서 낚싯대를 놔버렸다. 마치 둥그런 몸통에 뱀 다섯 마리가 붙어서 꿈틀대고 있는 것 같았다. 정말 우주인을 낚은 느낌이랄까? 이후 나는 밤낚시를 가지 않는다. 물론 애증(愛憎)은 이성의 범주에서 생각할 수 없다. 하지만 거미를 싫어한다고 해서 거미를 절멸해야 한다고는 결코 생각하지 않는다. 게다가 틈만 나면 곤충을 노리는 점에서는 거미나 나나 마찬가지다.

우리 집 식구들은 아침저녁 대문을 드나들 때 늘 조심한다. 처음 발을 내딛는 누군가가 거미집에 '딱' 걸리기 때문이다. 이제 가을이 되면, 화려한 무당거미가 마당 정원에 둥지를 틀 것이다. 가끔 아가씨들의 뒷머리 모양에 그물코 둥지가 보이면 "저게 뭐였더라?" 하며 고개를 갸우뚱할 때가 있다. 가만히 그 뒷모습을 보고 있자면 나도 모르게 무당거미의 얼굴이 떠올라 배시시 미소 짓는다.

자연사는 삶의 방식이다

"곤충채집은 어떤 의미가 있을까?"

이런 종류의 질문은 사람들에게 아무런 의미가 없다. 실은 곤충쟁이도 이런 질문을 좋아하지 않는다. 곤충채집의 의미를 생각할 시간에 곤충을 잡으러 떠날 테니까 말이다. 이렇듯 그 의미를 어떻게 받아들이더라도 크게 문제가 되지 않는 것, 그것에 온갖 열정을 쏟아 붓는 일, 이것이 문화다. 이는 내가 예전부터 언급한 결론이다. 다만 이 결론과 관련해 내 생각을 소상히 밝히지는 않았다. 그럼 이 문제를 진지하게 생각해보자.

문화란 한 개인 안에서 이루어지는 것이 아니다. 개인은 문화를 양어깨에 메고 있고, 문화는 다수의 어깨에 매달려 있다. 문화에는 실체가 없다.

무게감도 구체적인 형태도 없다. 그러니 곤충채집을 아무리 문화라고 말해도 뜬구름 잡는 이야기라고 홀대당하기 십상이다. 그렇다면 개인의 관점에서 봤을 때 곤충채집이란 무엇일까? 이는 '삶의 방식'이라고 말할 수 있다. 영어로 표현하면 'Way of life'다. 이 말은 내가 생각해낸 표현이 아니다. 미리엄 로스차일드(Miriam Rothschild)가 한 말이다.

지난 8월, 방송국 관련 업무차 영국에서 곤충채집을 촬영했다.● 그때 로스차일드가(家)를 방문할 기회가 있었다. '로스차일드'라고 하면 세계 최대의 금융 가문으로, 그 가문을 지키는 주인이 바로 미리엄 로스차일드다. 미리엄의 아버지인 찰스 로스차일드(Charles Rothschild)는 벼룩 연구로 유명한 분이다. 페스트균을 옮기는 열대쥐벼룩을 발견한 사람 또한 그다. 일본에 남다른 애정을 품었던 찰스는 1년간 일본에 머물기도 했는데 그 시절에 미리엄이 아버지에게 보낸 편지에는 '하루에 3000마리의 나비를 채집했다'는 내용이 적혀 있었다고 한다. 실로 대단한 부녀(父女)가 아닐 수 없다.

한편 큰아버지인 월터 로스차일드(Walter Rothschild)는 자신의 이름을 붙인 박물관을 지었다. 월터 로스차일드 박물관은 지금도 런던 외곽에 우뚝 서 있는데 현재 이곳은 조류 박물관으로 유명하다. 또 월터는 100만 자릿수에 달하는 어마어마한 숫자의 나비를 수집했다. 이 나비는 영국박물관 자연사 부문에 전시되어 있다. 영국박물관의 조류들은 월터 로스차일드 박

● 필자가 이 글을 썼을 당시는 1999년 10월이다.

물관으로 이동했고, 월터의 곤충은 영국박물관으로 이동한 것이다.

올해 아흔한 살이 된 미리엄을 나는 일본에서 처음 만났다. 20여 년 전쯤으로 기억하는데 미리엄은 정확하게 17년 전이라고 내 기억을 바로잡아 주었다. 그때도 할머니였는데 지금은 더 호호백발 할머니가 되어 있었다.

17년 전 첫 만남 때 나는 마침 텔레비전 프로그램의 인터뷰어를 겸하고 있던 터라 할머니 미리엄에게 "자연사란 무엇입니까?"라는 질문을 던졌다. 미리엄의 대답은 명쾌했다.

"자연사란 대학에서 가르치는 과목이 아닙니다. 삶의 방식이죠."

자연사와 관련해 나는 이처럼 명석한 해답을 들어본 적이 없다. 과연 자연사 일가의 주인다운 대답이었다. 나는 미리엄의 대답에 무척 감탄했다.

지금 미리엄이 살고 있는 집은 미리엄이 세상에 태어날 때쯤 부친이 지은 것으로, 'ㄱ'자 모양의 2층짜리 대저택이다. 차로 저택 근처에 가까이 다가가도 어디에 집이 있는지 잘 보이지 않는다. 주위는 빽빽한 나무들로 둘러싸여 있고 대저택의 벽을 에워싼 덩굴식물은 보호색이 되어 건물을 꽁꽁 숨겨주기 때문이다. 대저택 안에 휠체어를 탄 90대 할머니가 살고 있는 모양새가 찰스 디킨스(Charles Dickens)가 만들어낸 세계와 아주 비슷하다. 만약 영화〈위대한 유산〉을 본 적이 있다면 영화에 나오는 장면을 떠올리면 된다. 미리엄의 저택은 19세기의 영국을 고스란히 보여주는 살아남아 있는 세계다.

영국박물관의 자연사 부문에서 바구미 표본을 접했을 때도 이와 비슷한 생각을 했다. 일본의 표본은 주로 조지 루이스(George Lewis)가 19세기 말에 채집한 것인데 이를 데이비드 샤프(David Sharp)가 신종(新種)으로 명명했다. 이후 본질적으로 변한 것은 아무것도 없다. 되레 바꾸지 않고 그대로 두었다는 말이 더 정확할 것이다. 내가 보았던 곤충함에는 규슈대학교의 모리모토 가츠라(森本桂) 교수가 새롭게 이름 붙인 라벨이 달랑 하나 있었다. 19세기의 자연사가 화석으로 남아 있는 것이다.

정원을 둘러보고 오라는 미리엄의 말을 듣고 혼자서 정원을 산책했다. 미리엄은 이 정원을 나름 가꾸고 있다고 했지만 내가 보기에는 방치되어 있었다. 그래서 그런지 더욱더 맘에 들었다. 예전에 수영장 자리로 보이는 곳에 웅덩이가 있었고 연못도 눈에 띄었다. 매우 고요해서 마치 고찰의 정원에 있는 듯했다. 그윽한 옛 시구가 절로 떠오르는 정원이었다.

미리엄은 자신이 소유한 50헥타르의 땅을 지난 50년 동안 자연 그대로 방치했다고 한다. 덕분에 그 땅에 서식하는 새만 65종이 넘는다. 이는 '자연사란 삶 그 자체'라는 말의 의미를 보여주는 하나의 증표라고 볼 수 있다.

미리엄 저택이 위치한 마을은 모두 로스차일드가의 소유인 듯했다. 직접 물어보지는 않았지만 전에 만났을 때 다음과 같은 이야기를 주고받은 기억이 나기 때문이다. 이야기인즉, 미리엄은 띠로 지붕을 이은 뗏집을 좋아한다고 했다. 그런데 돈이 많이 들어서 뗏집을 꾸미기 어렵다는 말을 덧붙였다. 그래서 내가 돈이 얼마나 드느냐고 물었더니 몇 년에 한 번은 지붕을 새로 이어야 하는데 한 채당 2000달러인가, 2000파운드가 든다고 했다. "그 정도 금액이라면 로스차일드가 재력으로 충분히 충당

할 수 있지 않느냐?"고 되묻자 이런 대답이 돌아왔다.

"나는 그런 집을 마흔 채나 갖고 있는 걸요."

아니나 다를까, 이번에 직접 가보니 온 마을이 모두 뗏집으로 꾸며져 있었다.

곤충채집을 포함해 자연사 연구를 '로열사이언스(Royal Science)'라고 비꼬아 말할 때가 있다. 왕실이 아니면 할 수 없는 사치스러운 학문이라는 뜻이다. 분명 왕실 귀족의 취미와 닮은 부분도 있다. 그런데 80밀리미터의 왕사슴벌레가 일본에서도 1000만 엔에 거래되고 있다고 하니 정말 신흥 졸부들의 취미일지도 모른다. 물론 미리엄이 이런 삶의 방식을 일컬어 자연사라고 표현한 것은 절대 아니다.

로스차일드가는 유대계 집안이다. 초대 로스차일드가 엄청난 부를 축적하게 된 계기는 나폴레옹전쟁 때라는 사실은 유명한 일화다. 워털루전투의 결과가 일반인에게 아직 알려지지 않았을 때 로스차일드의 정보통은 영국 연합군의 승리를 전해왔다. 이 소식을 듣자마자 로스차일드는 영국 국채를 내다 팔았다. 증권가 큰손인 로스차일드가 영국 국채를 매각한다는 이야기는 곧 연합군의 패배를 의미한다고 사람들은 믿었다. 이렇게 판단한 투자자들은 너도나도 국채를 내놓았다. 그러나 로스차일드는 겉으로는 채권을 팔면서 뒤로는 싼 값으로 다시 사들였다. 결국 연합군의 승리로 영국 국채는 폭등했고 로스차일드는 천문학적인 투자 이익을 누렸다. 당시 로스차일드가 주식을 사고팔 때 기대어 서 있었다는 기둥이 지금도 증권거래소에 남아 있다. 이를 '로스차일드의 기둥'이라고 부른다.

이 에피소드는 학창 시절에 처음 접했다. 왜 이런 시시콜콜한 이야기를 아직도 기억하는지 나도 잘 모르겠다. 이번 영국 방문 때는 그 기둥을 보러 가야겠다고 맘먹었다. 하지만 '그래 봤자 기둥이겠지!' 하는 생각이 스치자 기둥 방문은 망각의 저편으로 달아났다. 그렇지만 로스차일드와 관련해 한 가지 마음에 새긴 바가 있다.

오늘날 일본에는 아마추어 곤충채집가가 활발하게 활동한다. 이 점은 영국의 빅토리아왕조와 흡사하다. 오쿠모토 다이사부로 씨도 예전에 이런 사실을 지적했다. 그렇다면 로스차일드가의 역사는 현재나 가까운 미래에 일본 사람들이 살아가는 생활양식과 결코 무관하지 않을 것이다. 그런 연유에서 나는 로스차일드 일가의 역사를 철저하게 조사하고 싶다. 물론 얼마나 많은 시간이 나에게 남아 있는지는 모르겠지만 말이다.

자연이 건재한 나라들

어느 세상에나 괴짜는 있기 마련이다. 곤충을 사랑하는 사람도 괴짜의 모범 사례일 테지만 그 곤충 괴짜의 곤충채집을 촬영해서 방송 프로그램으로 만드는 또 다른 괴짜가 있으니 세상은 요지경이다.

올 연휴, 말레이시아의 고원 도시인 카메론 하일랜즈(Cameron Highlands)에서 곤충을 채집했는데 이때 방송국 관계자들이 구경 와서 채집 장면을 촬영한 적이 있다. 당시 프로그램 준비를 위해 스태프들이 먼저 현지로 떠났고 나는 후발대로 콸라룸푸르행 비행기에 올랐다. 공항에 도착했을 때 마중 나온 프로그램 담당자가 소형 버스 앞에서 나를 기다리고 있었다.

그런데 그 버스 뒷창문에 아치형으로 새겨진 글자가 내 시선을 사로잡았다. 바로 '나무아미타불(南無阿彌陀佛)'이라는 한자다. 오랫동안 여러 종류의 탈것을 경험했지만 나무아미타불과 함께 달리는 차는 난생처음이었다. 만약 사고라도 나면 바로 부처님이 될 수 있을 것만 같았다.

나는 말레이인 운전기사에게 창문에 새겨진 글자의 뜻을 아느냐고 물었다. 그랬더니 기사는 전혀 모른다며 고개를 가로저었다. 다만 이전의 중국인 사장이 구입한 차라고 일러주었다. 말레이시아에서도 말레이 사람은 이슬람교를 믿으니 '나무아미타불'을 모르는 게 당연하다. 정작 그 글자를 보고 눈이 휘둥그레진 이는 바로 나였다. 말레이시아에 불교가 살아 있으리라고는 상상도 못 했기 때문이다.

몇 년 전 말레이시아의 멜라카(Melaka)를 찾은 적이 있는데, 멜라카에는 아주 오래전부터 차이나타운이 있었다고 한다. 명나라 때부터라고 기억하는데 지금도 멜라카를 방문하면 고찰에서 풍기는 은은한 향내를 맡을 수 있다. 멜라카 절의 유래는 옛날에 중국 귀족의 딸이 멜라카로 시집와서 지은 절이라는 이야기를 어디선가 읽은 것 같다. 그저 가물가물한 기억이라서 사실의 진위 여부는 잘 모른다. 어쨌든 멜라카의 고찰은 이런저런 역사적인 사정이 있어서 말레이시아에서도 예외로 보존됐다고 내 기억 속에 멋대로 주입했다. 그러니 눈앞에 갑자기 출현한 '나무아미타불'에 깜짝 놀랄 수밖에. 말레이시아에 거주하는 중국인들 중에는 여전히 불교를 믿는 이가 많은 것 같다. 버스에서 만난 나무아미타불 덕분에 새삼 이런 사실을 곱씹어보았다.

한편 말레이시아의 종족 구성을 살펴보면 말레이계가 60퍼센트, 중국계가 30퍼센트, 인도계가 10퍼센트를 차지한다. 그러니 카메론처럼 자그마한 고원시내라도 모스크와 절, 그리고 힌두교 사원이 사이좋게 붙어 있다. 카메론 일대 석탄암 지방에는 동굴을 그대로 사찰로 만든 곳도 많다.

사실 불교의 본고장인 인도와 중국에서는 불교가 자취를 감춘 거나 마찬가지다. 나는 그렇게 생각했다. 그러니 대부분의 중국인은 불교 신자가 아니라고 믿었던 것이다. 타이완(대만)의 스님과는 개인적으로 친분이 있어서 직접 절을 방문한 적도 있다. 그 절에서 중국의 사찰 음식을 맛보기도 했다. 지금도 사찰의 네온 빛 산문(山門)은 내 기억 속에 또렷이 남아 있다. 역시 중국인의 감각이 느껴지는 사찰이었다.

차이나운에 가면 다른 건 몰라도 관제묘*를 반드시 만나게 된다. 관우는 석가모니도, 관세음보살도, 아미타불도 아니다. 이런 사정으로 나는 말레이시아에서 불교의 건재함을 확인한 순간 무척 기뻤다. 이는 내가 불교 신자라서 불교를 옹호하려는 뜻이 아니다. 불교가 생존하는 세계에는 자연도 생존하기 때문이다. 적어도 내 생각은 그러한데, 이런 내 주장을 말레이시아에서도 확인할 수 있었다. 말레이시아의 열대우림은 아시아 대륙에서도 손꼽는 우림이다. 드넓은 정글이 살아 숨 쉬고 있다. 반면 말레이반도의 평지는 송두리째 파헤쳐졌다. 비행기에서 내려다보면 야자나무가 손을 흔들고 있는데, 이는 기하학적으로 야자나무를 심은 탓에 상공에서도 쉽게 알아볼 수 있다.

● 관제묘(關帝廟) : 중국 삼국시대의 장수인 관우의 영을 모시는 사당

싱가포르와 콸라룸푸르는 휘황찬란한 대도시다. 그런데 그 대도시에서 몇 시간 남짓 차로 이동하면 야생 코끼리와 호랑이가 서식하는 우림을 찾을 수 있다. 신기하게도 도시와 자연이 서로 만나는 세계에는 불교가 씩씩하게 살아간다.

완벽한 도시화와 불교는 서로 공존하기 어려운 듯하다. 이는 인도와 중국을 봐도 잘 알 수 있다. 인도와 중국은 아시아의 전형적인 고대 도시 문명권으로 불교는 이 도시 문명권의 주변부에서 번성하고 있다. 곧 인도와 인접한 부탄, 네팔, 스리랑카, 미얀마는 모두 불교 국가이다. 몽골, 티베트, 부탄에서 태국, 캄보디아, 베트남까지 중국의 주변부 역시 불교국의 띠를 두르고 있다. 여기에 말레이시아의 중국인을 포함해도 좋다. 바로 이런 사실이 나를 더욱 기쁘게 한다.

문득 현대 일본에 듣도 보도 못한 기이한 불교가 우후죽순 생겨나고 있는 모습이 머릿속에 떠올랐다. 이를 불교의 도시화라고 해야 할까?

본디 가톨릭교는 헬레니즘의 도시 종교였다. 그런데 중세에 접어들면서 전원풍으로 변모했다. 이는 북쪽의 게르만족 내부로 퍼져갔기 때문이다. 이후 자연 종교를 받아들이게 된다. 그런데 르네상스 시대에 접어들면서 게르만족 스스로 고유한 도시를 만들어낸다. 이때 도시 종교로 새롭게 태어난 것이 기독교다. 이는 지극히 개인적인 견해다.

이렇게 보니 내 종교 취향도 자연 종교 쪽으로 더 기울었음이 확실해진다. 가톨릭보다 기독교가 낯설다. 특히 기독교의 펀더멘털리즘●에는 아주 약하다.

애초 미국은 펀더멘털리즘 운동이 일어난 나라다. 지금도 이런 경향이 강하게 남아 있는데 금연 운동이 전형적인 사례일 것이다. 유럽에서 라틴계, 곧 가톨릭 계통은 그다지 까다롭지 않다. 가끔은 "애도 아닌 어른에게 미주알고주알 잔소리 좀 그만하세요!"라고 화를 내고 싶을 정도다. 일본 후생성에서도 담배의 해악을 지나치다 싶을 정도로 떠들어댄다. 하지만 지구의 자연환경을 해치는 가장 악랄한 존재는 바로 인간이라는 사실을 모르는 사람은 없을 터, 그렇다면 담배가 인간에게 해롭다는 이야기는 환경 입장에서는 유익하다고 말할 수 있지 않을까? 표층토를 깡그리 사라지게 하는 대규모 농업을 더는 지속할 수 없음을 빤히 알면서도 여전히 자행하는 나라는 어디인가? 도대체 무슨 권리로 토지를 사막화하고 있단 말인가? 이런 진실과 비교한다면 담배의 해악은 그야말로 아무것도 아닐 텐데 말이다.

금연을 한마디로 표현한다면 나는 이런 표현을 빌려 말하고 싶다.

"도가 사라지니 인의가 생겨났다."

내가 담배를 피우기 때문에 이런 주장을 하는 것이 아니다. 금연을 할 때도 있다. 하지만 이는 내가 알아서 결정할 문제로, 남한테 이러쿵저러쿵 간섭받을 문제가 아니다.

유교는 중국의 도시 이데올로기다. 기독교나 유교처럼 도시 이데올로

● 펀더멘털리즘(fundamentalism) : 제1차 세계대전 후에 미국에서 일어난 개신교 내의 보수적인 신학 운동. 자유주의 신학 및 세속화한 생활에 대항해 성경의 모든 내용을 문자 그대로 믿는 것이 신앙의 근본이라고 주장하고, 진화론과 같은 근대적인 합리주의를 배격하였다.

기는 아무래도 간섭이 심하다. 노자는 유교를 비판해서 "도(道)가 사라지니 인의(仁義)가 생겨났다"고 말했다. 이는 내가 좋아하는 『도덕경』의 한 구절이다. 물 흐르듯 자연스럽게 살아가면 이것저것 시끄럽게 말이 나지 않는다. 이런 점에서 불교는 넉넉하게 다가온다.

불교 국가에는 자연이 남아 있다. 부탄이라는 나라에는 자연도 건재하고 불교도 건재하다. 덕분에 살생이 지극히 드물다. 부탄 사람들은 맥주잔에 파리가 빠지면 손가락으로 구출해준다. 이런 나라에서는 곤충채집도 드러내놓고 하기 어렵다. 나는 부탄에서 곤충채집망을 휘두르지 않고 오직 손으로만 곤충을 잡으며 걸어 다녔다. 이렇게 어슬렁어슬렁 돌아다니자니 환경을 더 자세히 관찰할 수 있었다. 그런 의미에서 부탄이라는 나라를 많이 공부하게 됐다.

나는 이런 이유로 곤충채집을 권한다

　수많은 곤충 가운데 인기도를 따지면 아마 나비를 일순위로 꼽을 것이다. 왜냐하면 굳이 나비 채집가가 아니어도 나비에 정통한 곤충쟁이는 주위에서 흔히 만날 수 있기 때문이다. 실은 나도 고등학교 때까지 나비를 채집했는데 그 결정적인 계기는 나비 '사부님' 덕분이었다.
　나비 사부님에 대해서 잠깐 이야기를 해보면, 내가 중학교 다닐 때 우리 집 근처로 요양 온 분이 있었다. 그분이 바로 나비 사부님인 이와세 다로(磐瀨太郞) 씨로, 원래 은행 임원이었던 이와세 씨는 결핵에 걸려 가마쿠라에 머무르게 된 것이었다.
　참새가 방앗간을 그냥 지나칠 수 없듯이 유독 곤충을 좋아하는 아이가 나비 사부님을 멀리할 리가 없었다. 다만 요양하는 사부님의 건강을 염려해 사모님이 면회 시간을 정해놓고 있었다. 그래도 나비 사부님은 어린 제자를 반갑게 맞이해주셨다. 당시 나는 훌륭한 선생님 덕분에 나비에 관한 지식을 많이 얻을 수 있었다. 선생님이 요양 생활을 마치고 도쿄로 돌아간 뒤부터는 나비 공부를 거의 하지 못했다. 아무리 취미라도 끌어주는 선생님이 중요하다는 사실을 그때 깨달았다. 나비 채집뿐 아니라 나비의 생태도 아주 열심히 공부했다.

혹시 '제피로스'●라는 말을 들어본 적이 있는가? 서양 고전에 정통한 사람이라면 바로 '서풍'이라는 대답을 생각해낼지도 모르겠다. 오늘날 정확한 학명이 정착되기 전까지, 이 '제피로스'라는 속명(屬名)으로 불렸던 '작은녹색부전나비'라는 예쁘고 깜찍한 나비가 있다. 이 나비와 사촌뻘쯤 되는 나비들이 나무 꼭대기에서 신나게 날아다니는데, 나비에 한창 빠져 있었을 때 그 나비의 알을 겨울 내내 나뭇가지에서 열심히 긁어모았던 기억이 생생하다.

왜 이런 작업을 하느냐 하면, 나비 채집은 알부터 키우는 쪽이 훨씬 더 큰 보람이 있기 때문이다. 들판에 나가 채집을 하려고 해도 시기가 맞지 않으면 나비를 구경하기 어렵다. 설령 몇 마리를 보았다고 해도 이미 노쇠해서 날개가 너덜너덜 누더기를 걸치고 있다. 마음에 담고 있던 특정 나비를 채집하려고 벼르고 벼르다 드디어 출정하는 날 하필 비가 부슬부슬 내린다

● 제피로스(Zephyros) : 그리스 신화에 나오는 서풍(西風)의 신

면 큰일이다. 비가 오면 그날은 공치기 때문이다. 그런 의미에서 알을 고이 간직해 집에서 키우는 쪽이 훨씬 효율적이다.

지금은 나무 꼭대기에 알을 낳는 나비의 알 채집이 지극히 당연한 일이 되었다. 그러니 라오스에 머무는 와카하라(若原) 씨처럼 몸무게가 40킬로그램밖에 나가지 않는 '기인'이 출현하기도 한다.

열대 나무 중에는 높이가 40~60미터나 되는 키가 큰 나무가 많은데 그 꼭대기에 있는 나비의 알을 채집하려면 무엇보다 체중이 적게 나가야 한다. 나처럼 70킬로그램이 넘는 우람한 몸매라면 몇 미터도 못 올라가서 헐떡거리다가 나무에서 떨어지기 십상이다.

"무섭지 않아요? 아래를 내려다보면 아찔할 것 같은데."

와카하라 씨에게 물어보자 그는 웃으면서 이렇게 대답했다.

"하하, 무섭긴요. 발밑에는 구름밖에 보이지 않는걸요."

이야기가 잠시 삼천포로 빠졌지만, 나비 사부님은 가마쿠라에 머무는 동안 나비 생태 연구에 온갖 열정을 쏟아 부으셨다. 선생님이 직접 쫓아다닐 수 없을 때는 어린 제자들을 여러모로 후원해주셨다. 나도 애벌레나 번데기를 잡으러 쏘다녔던 기억이 난다. 한겨울 담벼락이나 암자의 처마 밑을 뚫어져라 쳐다보면 배추흰나비나 남방씨알붐나비가 붙어 있다. 탱자가 주렁주렁 열린 울타리에서 호랑나비를 잡은 적도 많았다. 쥐방울덩굴에 붙어 있는 괴상하게 생긴 애벌레가 사향제비나비라는 사실을 그때 처음 알았다.

라오스나 베트남에 가면 진기한 사향제비나비를 만날 수 있다. 채집 동료인 니시무라 마사토시(西村正賢) 씨와 베트남의 땀다오(Tam Dao) 산에서 갑충을 채집하고 있을 때 일이다. 니시무라 씨는 원래 나비 전문가다. 그러나 나비뿐 아니라 어떤 곤충이라도 훌륭하게 채집한다. 덕분에 나도 도움을 많이 받고 있다.

그날도 함께 채집을 하고 있는데 눈 깜짝할 사이에 니시무라 씨가 사라졌다. 눈을 부릅뜨고 주위를 살펴보니 10미터 앞에 서 있는 게 아닌가. 말 그대로 순간 이동이었다. 니시무라 씨의 이야기를 들어보니 진품 사향제비나비를 보았다고 했다. 그 나비를 보는 순간 니시무라 씨는 '붕' 날아갔던 것이다. 그런 바람의 이동을 나는 그때까지 딱 한 번 보았다. 주인공은 일본의 무도 연구가인 고노 요시노리(甲野善紀) 씨다. 옛 검객은 사방을 바람처럼 이동해 다녔다. 그래서 '바람의 검객'이라는 말도 있지 않은가. 그 말이 단순한 허풍이 아님을 증명하기 위해 고노 씨가 내 눈앞에서 순간 이동을 시연한 적이 있었다. 속도로 따지면 나비 채집가도 바람의 검객이다. 그렇다면 앞서 소개한 라오스의 와카하라 씨는 '닌자'란 말인가?

와카하라 씨와 함께 채집을 나가면 마치 무협지를 읽는 듯 정신이 하나도 없다. 산속 계곡에 대롱대롱 매달려 있는 다리 위에서 채집망을 휘두르고 있다. 한 발짝이라도 발을 헛딛는 날에는 황천길이 코앞이다. 그는 이렇게 위험한 채집을 아무렇지도 않게 즐긴다. 와카하라 씨의 몸은 깃털 같다. 실제 이 나무에서 저 나무로 훌쩍 날아서 이동할 때도 있을 정도다. "뭐야, 타잔이야?"라고 비웃을지 모르지만 직접 그를 보면 거짓말이 아님을 알 수 있다.

요즘은 다이어트에 목매는 사람이 참 많다. 나는 살을 빼려는 사람들에게 나비 채집을 강력히 추천하고 싶다. 몸과 마음을 다해 나비를 채집하다 보면 와카하라 씨처럼 몸이 가벼워진다. '나비 알을 채집하고야 말겠다' 는 식의 강렬한 동기부여 없이 단순히 체중 감량에만 눈독을 들이면 '살빼기'는 머릿속의 희망사항에 불과하다. 한순간은 날씬해질지언정 바로 원래 몸매로 돌아온다. 날씬해지고 싶은 바람에 필연성이 없기 때문이다.

요즘 도시인을 보면 하루를 허탈하게 흘려보내는 이들이 참 많다. 그래서일까, 도시에서는 니시무라 씨나 와카하라 씨의 초능력을 구경하기 어렵다. 공중 부양은 꿈같은 소리다. 열대우림의 나뭇갓, 곧 나무 꼭대기에 사는 곤충을 채집하려고 할 때 만약 공중 부양이 가능하다면 여러모로 편리할 것이다. 정상에 얼마나 많은 미지의 곤충이 살고 있는지는 아는 사람만 안다. 어림잡아 수천만 종이 살고 있다고 한다.

만약 사람이 날 수 있다면 내가 가장 먼저 날아보고 싶다. 날아다니면서 나무 꼭대기를 꼭 조사해보고 싶다.

이처럼 동기부여는 하늘을 찌르지만, 유감스럽게도 실력이 따르지 않는다. 그러고 보니 다이어트니, 조깅이니 하는 것들은 모두 미국 문명의 산물이다. 뚱뚱한 사람들은 대체로 의지가 약해 높은 자리에는 적합하지 않다고 멋대로 선입견을 갖는다. 그래서 울며 겨자 먹기로 출세하고 싶다면 죽어라 살을 빼야 한다. 그런 불순한 동기에서 살을 빼니까 체중 감량에는 성공해도 건강을 해치기 일쑤다.

미국에는 뚱뚱한 쪽도 병적으로 뚱뚱한 사람이 많다. 무엇이든 끝장을 본다고 할까. 금연도 그렇다. 나는 금연 운동에는 아랑곳하지 않는 애연가지만 미국 방문은 반기지 않는다. 스트레스가 엄청 나기 때문이다.

언젠가 프랑크푸르트에서 뉴욕까지 비행기로 이동한 적이 있었다. 그때 바로 옆 자리에 앉은 미국인이 줄담배를 즐기는 골초였다. 뉴욕에 도착할 때까지 쉴 새 없이 피워댔다. 덕분에 나는 한 개비도 피지 않고 무사히 여행을 마칠 수 있었다. 이후 뉴욕에서 다시 도쿄로 이동했는데 그때도 옆에 앉은 미국인이 골초였다. 사생결단으로 금연 운동을 펼치듯이 피는 사람도 죽기 살기로 피는 곳이 미국이다.

미국에서 마약이 유행하는 것도 이런 분위기와 무관하지 않다. 이런 분위기로 사람들은 죽기 살기로 담배를 피우고 마약에 취한다. 반대로 금지하는 쪽도 사생결단하고 마약을 반대한다. 그런 열정이 있다면 나는 담배나 마약이 아닌 곤충을 잡겠다. 여러모로 그쪽이 몸에 해가 되지 않는다. 바로 이것이 내가 당신에게 곤충채집을 권하는 이유이기도 하다.

신비로운 곤충의 빛깔

일본에서는 풍뎅이를 '황금벌레(黃金虫)'라고 부른다. 왜 그렇게 부르는지는 나도 잘 모르겠다. 우리 집에는 황금색으로 화려하게 치장한 진짜 '황금' 풍뎅이가 있다. 한밤중에 호주의 북부 마을에서 불빛으로 곤충을 끌어모았는데, 그때 황금색 풍뎅이가 여섯 마리나 날아왔다. 진짜 황금색 풍뎅이는 아프리카와 중남미에 각각 한 종씩 있다고 하니 호주 종을 더하면 '황금' 풍뎅이는 모두 세 종류가 되는 셈이다.

황금색 풍뎅이 자체는 그리 희귀한 종류는 아닌 것 같지만 번쩍번쩍 빛나는 황금색만큼은 진품 보석을 능가한다. 그런데 곤충의 다채로운 빛깔은 어떻게 탄생할까? 이는 대답하기 어려운 문제다. 곤충에 따라 원인이 다르기 때문이다. 여기에서는 곤충 빛깔의 비밀을 몇 가지 소개할까 한다.

먼저 갑충의 구조 색부터 이야기하면 '딱정벌레'라는 단어에서도 알 수 있듯이 갑충은 키틴질(Chitin)로 이루어진 딱딱한 앞날개를 갖고 있다. 이 딱지날개의 표면 구조가 특정 파장의 빛을 반사하면 곤충마다 독특한 빛깔이 만들어진다. 또 하나는 특정 분자, 곧 색소에 따라 곤충 색이 정해질 수도 있다. 멜라닌 색소가 사람의 피부색을 결정하듯이 곤충도 곤충 색에 관여하는 색소가 있어서 해당 색소에 따라 곤충 빛깔이 달라진다.

한편 다양한 변형으로 묘한 빛깔이 나타나기도 한다. 금자라남생이잎벌레가 바로 그 주인공이다. 이 곤충은 살아 있는 동안에는 눈부신 금색 펄을 자랑하지만 죽음과 동시에 아름다운 금색도 사라진다. 그런데 신기하게도 이 곤충을 물에 담그면 다시 금색이 되살아난다. 굳이 분류한다면 이것도 구조 색으로 간주할 수 있다. 물 분자와 서로 얽히면서 말라 있을 때와는 또 다른 상황이 연출되는 것이다. 다만 정확하게 어디가 어떻게 변하는지는 직접 조사해보지 않아서 나는 잘 모른다.

이와 반대되는 사례도 있다. 녹색가루바구미라는 속명(屬名)을 가진 곤충들은 전 세계적으로 널리 분포되어 있다. 일본에도 10여 종쯤이 있다. 여기서 '10여 종쯤'이라 표현한 것은 개체 수가 좀 더 있을지도 모르기 때문이다. 아무튼 이 곤충의 녹색 비늘 조각은 물에 젖으면 검정색으로 변했다가 물기가 마르면 녹색이 되살아난다. 그런데 녹색가루바구미속에 속하는 곤충 가운데 젖어도 변함없이 녹색을 유지하는 종이 하나 있다. 그런 연유에서 이 녹색 불변의 곤충은 녹색가루바구미속이 아닐 거라고 추측한다.

게다가 녹색 비늘 모양도 다른 곤충과 달리 동글동글하니, 이런 내 의심의 눈초리는 타당하지 않을까?

이렇게 장황하게 떠들고 있지만 사실 곤충의 빛깔이란 이래도 저래도 상관없다고 본다. 이래도 흥, 저래도 흥, 그게 바로 곤충의 세계다. 바로 이런 점이 곤충의 묘미다. 시시콜콜한 것에 사사건건 흥미를 갖는 사람을 시쳇말로 '오타쿠'라고 부른다. 그런데 많은 사람들이 주목하지 않는 사소한 차이에 실제로 아주 커다란 의미가 담겨 있을지도 모른다. 물론 그렇지 않을 가능성이 거의 99퍼센트 이상이지만 말이다. 그래도 결코 제로는 아니다. 결코 제로라고 말할 수 없는 1퍼센트의 가능성을 좇는 태도와 마음가짐이 바로 낭만주의다.

현대인들은 낭만주의자가 아니다. 돈벌이가 되는 일만을 하면서 오직 확률이 높은 사상만을 추구하기 때문이다. 확률이 낮은 사상을 추구하면 바보 취급당하기 일쑤다. 그러나 경마의 우승 후보처럼 높은 확률을 자랑하는 것들은 당첨이 되어도 떼돈을 벌지 못한다. 되레 '이게 과연 쓸모가 있을까?' 하고 반신반의 하는 것들이 실제 쓸모가 생겼을 때 대박을 터뜨린다.

호주에는 유칼립투스 잎을 먹는 아름다운 잎벌레가 있다. 그런데 이 잎벌레를 잡아서 표본으로 만들면 밋밋한 갈색으로 곤충 색이 변한다. 아름다운 빛깔이 흔적도 없이 사라지는 것이다. 곤충을 채집해서 열심히 표본을 만든 곤충쟁이에게는 정말 기막힐 노릇이다. 그러니 호주에서 곤충채집을 하더라도 이 녀석은 절대 잡지 말아야 한다. 그저 사진만 찍어야 한다.

표본 상태에서도 아름다운 빛깔이 그대로 보존되길 바라지만 지금으로서는 방법을 찾지 못했다. 곤충 색이 변하는 세세한 사정을 나는 모른다. 다만 물에 담가도 색상이 되살아나지 않을 거라고 짐작할 따름이다. 아마도 산화, 환원의 화학반응과 관련이 있지 않을까 싶다. 요컨대 발색에 관여하는 분자가 천천히 산화한다고 나름 상상하고 있다.

이렇게 추측하는 이유는 이 잎벌레가 애벌레 시절부터 유칼립투스 잎을 즐겨 먹는 사실에 주목했기 때문이다. 유칼립투스의 어린잎에는 시안(cyan, 맑은 파란색)이 들어 있는데 애벌레는 이 시안을 저장해두는 샘을 가지고 있다. 곧 시안화물이 곤충 빛깔과 관련이 있을 것으로 추측한다. 생물은 기회주의자라서 활용할 수 있는 것이라면 뭐든지 사용하고 절제하지 못하는 성향이 있다. 그러니 독성이 있는 시안도 나름 훌륭하게 이용하지 않을까 싶다.

이것도 듣기에 따라서는 시시콜콜한 이야기가 될 테지만, '어쩌면 심드렁한 이야기에 만고의 진리가 담겨 있을지도 모른다'는 생각을 하면서 곤충을 바라본다. 이렇듯 1퍼센트의 가능성에도 반짝이는 호기심으로 곤충을 바라보면 세상의 모든 일이 신기하고 흥미롭게 다가온다. 더욱이 사소한 발견이 대발견일지도 모른다는 사실에 생각이 미치면 '시시콜콜'을 절대 멈출 수 없다. "고추잠자리가 빨간 이유를 파헤친다고 밥 먹여주나?"라는 식으로 반문하는 사람은 곤충 따위가 눈에 들어올 리 없다. 덕분에 신비로운 곤충의 세계를 즐기지도 못한다.

만약 평생 돈이 되는 유용한 것들만 좇다가 인생을 마감해야 한다면 어떨까? 인생을 향유하지 못한 삶 자체가 안타깝다는 생각을 할지도 모른다. 그러나 정작 유용한 것들이 진정으로 유용하고 필요한 것이었는지 다시 한 번 생각해봐야 할 것이다. 세상에서 가치를 두는 쓸모거리란 그때, 그 장소, 그 시대를 살아가는 사람들의 필수품으로 한정된다.

인간은 눈에 보이지 않는 미래를 진지하게 생각하지 않는다. 이는 좋은 일에도 나쁜 일에도 똑같이 적용된다. 그렇기 때문에 지금 당장 나에게 맞는 유용한 것들이 미래의 후손들에게도 유용한지는 확신하기 어렵다.

미국의 농업이 토양을 회복 불가능한 상태로 만들어버린 사실은 이미 널리 알려져 있다. 심지어 미국 남부의 옥수수 밭을 소재로 한 추리소설이 나왔을 정도니까 말이다. 그런데 이를 잘 알면서도 지속하는 이유는 무엇일까? 바로 '지금 살아 있는 사람'을 우선하기 때문이다. 하지만 현대를 살아가는 이유만으로 드넓은 토지를 사막으로 만들어도 좋을 권리는 그 누구에게도 없다. "단순히 지금 현재의 유용성만 따지지 않는다. 미래 예측도 하고 있다"며 내 주장에 반박하는 이도 있을 것이다. 하지만 예측은 귀에 걸면 귀고리, 코에 걸면 코걸이 식으로 사람이 처한 상황에 따라 좋은 방향이나 나쁜 방향으로 결과가 달라지기 마련이다. 그러니 예측에 바탕을 둔 논쟁은 아무 의미가 없다.

나는 유용성을 따지기보다 곤충채집이라는 무용한 일을 즐기고 있어서 예측을 신뢰하지 않는다. 데이터에 바탕을 둔 상태로 예측하는 일은 현대인이라면 누구나 할 수 있는 일이다. 그렇다면 그 데이터라는 존재가 항상 '과거의 일'이라는 사실에 주목한 적이 있는가?

나는 소 잃고 외양간 고치는 정부의 안일한 대처법이 데이터 만능주의에서 비롯된 탓이라고 본다. 대개 관공서 공무원들은 데이터를 맹신한다. 의사도 데이터를 굉장히 좋아한다. 이는 수많은 검사들을 보면 알 수 있다. 병원에 가면 무조건 검사부터 하자고 덤벼든다. 검사 결과는 일주일 뒤에 나온다. 그렇다면 만약 그 일주일 동안 뇌졸중이나 심근경색으로 죽는다고 가정했을 때 과연 검사 결과는 의미가 있을까?

데이터를 맹신하는 심리의 밑바탕에는 확실한 과거가 깔려 있다. 과거는 변하지 않으니 정확하고 분명하다. 하지만 과거를 이용해서 '지금'을 다루는 행위는 불완전하다는 사실을 잊어서는 안 된다.

내가 곤충을 잡는 방법

곤충을 잡는 방법은 주어진 상황에 따라 각양각색이다. 어린 시절에 매미 한 마리를 잡으려고 요리조리 머리를 짜냈던 기억이 지금도 생생하다. 당시는 전쟁이 끝날 즈음이라 물자가 귀한 시절이었다. 당연히 용돈은 엄두도 내지 못했고 수중에 돈 한푼 없었기 때문에 채집망을 사기가 어려웠다. 무엇보다 제대로 된 망을 구하기가 어려웠던 시절이었다. 아쉬운 대로 물고기 잡는 산대를 휘둘러보았는데 곤충을 잡기는 역부족이었다.

그나마 가장 믿음직한 도구는 끈끈이였다. 그 시절에는 장난감 가게에서 끈끈이를 팔았다. 나는 긴 막대기 끝에 끈적거리는 끈끈이를 달고 매미를 잡으러 다녔다. 나뭇가지 사이에도 쑥 찔러 넣을 수 있는 막대기는 여러

모로 편리했다. 그러나 끈끈이에 매미가 눌어붙어서 일명 끈끈이 매미가 되는 단점이 있었다. 게다가 이 끈끈이는 몇 번 사용하면 접착력이 떨어져 곤충잡이로는 제 구실을 다하지 못했다. 그래도 새것을 장만할 처지가 못 됐기 때문에 오래 쓸 수 있는 방법을 짜낼 수밖에 없었다.

내가 생각해낸 방법은 끈끈이 대신 거미집을 이용하는 것이었다. 먼저 접착력을 잃은 끈끈이 부분에 거미집을 돌돌 감았다. 아주 조심스럽게 거미집을 살렸지만 끈끈이의 효력에는 미치지 못했다. 또 산대 테두리에 거미집을 치는 방법도 생각했다. 잘만 붙이면 그물 테두리 안에 거미가 집을 지은 것처럼 보였다. 혹시 힘센 매미가 도망갈까 싶어 거미집을 겹겹이 둘러쳤다. 하지만 내 정성이 부족했던 탓일까? 지금의 나처럼 나이든 비실비실한 할아버지 매미만 걸려들었다. 무엇보다 거미집이 나뭇가지에 닿으면 바로 찢어졌으니 어릴 적 매미 사냥은 험난한 여정이었다.

가마쿠라에서는 여름철에 곰매미를 잠시 만날 수 있었다. 곰매미는 일본 고유의 대형 매미로 "샹샹" 하는 소리를 내며 운다. 나는 이 매미 울음소리만 들리면 무슨 일이 있어도 대문을 박차고 매미를 잡으러 나갔다. 하지만 매미는 내 순간 이동에도 아랑곳하지 않고 "샹샹" 소리와 함께 홀연히 사라졌다. 결국 나는 그 매미를 단 한 번도 잡은 적이 없다. 오사카 쪽으로 내려가면 흔히 볼 수 있는 매미지만, 내가 사는 가마쿠라에서는 이때껏 잡지 못했다. 지금도 여름이 되면 가끔 울음소리가 들린다. 그때마다 나는 매미를 잡으러 순간 이동했던 어릴 적 여름날을 떠올린다.

매미 채집 이전, 그러니까 초등학교에 들어가기 전에는 게를 열심히 잡았다. 강가의 돌담 사이에 숨어 있는 붉은발말똥게가 표적이었다. 한 손에는 젓가락을, 또 다른 한 손에는 양동이를 들고서 젓가락으로 게를 살살 몰아내 조심스럽게 등딱지를 손으로 잡는다. 잘못 붙잡으면 집게다리에 손가락을 찔려 굉장히 아프기 때문에 조심해야 했다. 바로 이런 스릴을 만끽하기 위해 한때는 강에서만 지냈다. 지금은 이 게들을 한 마리도 볼 수 없어 아쉬울 따름이다.

초등학교 저학년 때는 강물에 첨벙 뛰어들어서 문절망둑, 뱀장어, 둑중개 같은 민물고기를 잡았다. 슬쩍 돌을 들어 올리면 그 아래 문절망둑 친구들이 숨어 있다. 이처럼 작은 물고기를 잡으려면 강 하류 쪽에 미리 그물이나 소쿠리를 마련해두었다가 강 상류에서 물고기를 추격해 그물 쪽으로 몰아넣는다. 가끔 커다란 뱀장어가 잡히기도 했는데, 이렇게 큰 녀석은 소쿠리에 담아도 이내 기어올라서 도망친다. 먹음직한 큰 물고기는 어린아이가 잡기에는 애초부터 버거운 일이었다.

사실 이런 물고기를 잡아서 어떻게 하고 싶은 요량은 없었다. 양동이에 넣어두면 바로 목숨을 잃기 십상이다. 그래서 나는 집 근처 우물가에 물고기를 풀어주었다. 시간이 흐른 지금 생각하니, 타의로 강물에서 지하수로 이동한 물고기들은 필경 왕생* 하지 않았을까 짐작한다.

나는 물고기뿐만 아니라 잠자리도 잡으러 다녔다. 내가 어릴 적만 해도 가마쿠라 시내에는 널찍한 공터가 있어서 잠자리 떼를 쉽게 만날 수 있었

● 왕생(往生) : '목숨이 다하여 다른 세계에서 다시 태어난다'는 의미의 불교 용어

다. 잠자리 채집은 미끼를 이용해 왕잠자리를 잡는 일이 가장 고급스러운 채집 방법이었다. 하지만 너무 어렸던 나는 형들이 왕잠자리를 잡는 모습을 지켜봐야만 했다. 간혹 실력을 발휘하고 싶을 때는 채집망을 빌려서 그물을 휘둘렀다. 많은 아이들이 공터에 우르르 모여 있었기 때문에 다른 친구의 채집망을 쉽게 빌릴 수 있었다.

초등학교 4학년 때부터는 정식으로 곤충채집에 나섰다. 그즈음 책을 읽거나 도감을 보았는데 책을 통해 곤충 이름을 기억하고 곤충의 종류와 채집법이 다양하다는 사실을 알았다.

봄이 되면 곤충이 떼로 몰려나와 채집망을 들고 다니는 것만으로도 아주 행복했다. 하지만 이런 즐거움을 봄까지 기다릴 수 없었던 나는 한겨울에도 곤충을 찾아다녔다. 예를 들면 큰 돌을 들어 올리거나 수북이 쌓인 풀을 들썩이면 작은 곤충들이 얼굴을 내민다. 또 나무껍질을 벗기면 자그마한 곤충들의 월동 장면을 포착할 수 있다. 느티나무처럼 껍질이 쉽게 벗겨지는 나무를 찾는 것이다. 언젠가 고목에 낀 이끼 아래에 있는 진기한 곤충을 만난 적도 있다. 방아깨비의 일종이었는데, 이후 그 녀석을 다시는 보지 못했다.

그때 그 시절의 곤충채집은 여름보다 겨울이 더 짜릿했다. 아마도 여름과 달리 겨울에는 흔히 볼 수 없는 곤충을 직접 찾아다니는 일이 보물찾기 마냥 흥미진진했으리라. 그러던 와중에 나비 사부님을 알게 되면서부터 딱정벌레 잡는 방법을 깨쳤다. 우선 적당한 장소를 찾아 땅을 파헤치면 꽤 큼지막한 딱정벌레가 얼굴을 들이민다. 일단 이 묘미를 맛보면 재미있어서 멈출 수가 없다. 곤충이 어떤 장소에 숨어 있는지 점점 감이 온다.

마침내 일본 열도를 파헤치면서 걸어 다녔다. 딱정벌레뿐 아니라 장소에 따라서는 먼지벌레가 우르르 모여 있는 곳도 있었다. 가마쿠라의 낭떠러지에서도 먼지벌레가 숨어 있는 곳을 찾아냈다. 지금은 아쉽게도 그 산 자체가 사라져버렸다.

당시 자주 찾아간 곳은 근처 가나가와(神奈川)의 여러 산이었다. 교통편을 고려한다면 하코네(箱根)나 오야마(大山)에 가는 것이 정답일 텐데 땅이 꽁꽁 얼어붙은 한겨울에는 파헤칠 만한 곳이 없었다. 하지만 3월 말쯤 되면 햇볕이 내리쬐는 남향의 땅은 녹아서 딱정벌레를 쉽게 파낼 수 있었다.

대학에 들어와서는 채집 무대를 스시마(對馬) 섬까지 넓혔다. 나는 스시마에서만 볼 수 있는 아름다운 딱정벌레를 잡았다. 당시에는 이 곤충을 겨울에 파낼 수 있는지 전혀 알지 못했다. 그래서였을까, 스시마 산속에서 처음으로 딱정벌레 한 마리를 발견했을 때의 감동은 지금도 잊을 수 없다. 안타깝게도 겨울의 첫 만남은 깨져버렸지만 이후 파낼 수 있다는 확신을 가졌기에 결국 세 명이서 60마리나 잡아 금의환향했다.

그 뒤 나는 단 한 번도 스시마에 가지 않았다. 그래서 내 머릿속에 있는 스시마 마을과 산길은 꽁꽁 얼어붙어서 40년 전의 모습 그대로다. 다시 스시마를 찾아가서 기억을 바꿀까 말까는 아직 결심이 서지 않는다.

나이가 들면 흔히 과거의 시간 속에서 살아간다는 이야기들을 한다. 나도 이미 그런 나이가 되었나 보다. 내가 간직한 아름다운 추억이 지금 다시 보면 깡그리 사라질 것만 같다. 그래서 지금의 모습을 보고 싶지 않다.

대학을 졸업한 해에는 한 달 이상 아마미오(奄美大) 섬에 머물 기회가 있었다. 업무차 간 것이었는데 틈만 나면 곤충을 잡으러 다녔다. 그때 마련한 표본 중 지금도 간직하고 있는 것이 있다. 이후 나는 단 한 번도 그 섬을 찾지 않았다. 역시 오늘의 모습을 보고 싶지 않아서다. 지난 연말에는 말레이시아에 갔다. 외국은 예전 모습을 모르니까 세월의 무상을 한탄하지 않아도 된다. 지금부터 추억을 만들면 되기 때문이다.

내가 이런 이야기를 늘어놓으면 나이 탓에 매사 주저하고 망설인다고 비웃을지도 모르겠다. 하지만 처참하게 변한 자연 환경을 새삼 보고 싶지 않은 것이 내 본마음이다.

젊은 날의 모습을 간직한
첫사랑을 만나고 싶다

곤충채집에 관한 한 나는 '돌아온 신인'이다. 인생을 청년, 중년, 노년으로 나누면 청년기까지 열심히 곤충을 채집하다가 중년기에 밥벌이로 중단하고 노년기에 접어들어 다시 채집망을 들었다. 물론 채집을 중단했을 시기에도 곤충 사랑은 변함이 없었고 표본 역시 늘 품고 있었다.

젊은 시절에 마지막으로 채집망을 들었던 것은 호주 유학 때 일이다. 그때가 1970년 즈음이었으니 이후 20년 동안 곤충을 만지지 못한 채 일에 파묻혀 살았다. 그런데 내가 곤충을 떠났던 그 20년간 일본의 곤충 연구는 비약적으로 발전했다. 덕분에 내 공백이 더 크게 느껴진다.

솔직히 고백컨대 단순히 밥벌이 때문에 곤충을 멀리했던 것은 아니다.

결정적인 계기는 일본의 심각한 환경 변화다. 내가 살던 가마쿠라에서도 하천이 오염되어서 어릴 적 흔히 볼 수 있었던 곤충이나 물고기가 하루아침에 사라졌다. 붉은발말똥게가 자취를 감춘 것도 그 즈음이다. 아름다운 빛을 내는 반딧불이도 떠났다.

더욱이 하루가 멀다 하고 수많은 공사가 진행되었다. 내가 살던 동네에서도 태풍이 몰아치면 어김없이 유실되던 다리가 어느 날부터는 건재했다. 호안(護岸) 공사가 시작된 것이다. 인위적인 공사가 수해 예방에 도움은 됐을지 모르나 동물에게는 비극의 시작이었다. 고운 빛깔로 아이들의 눈을 반짝이게 했던 물총새도 시냇가에서 모습을 감추었다.

그러다가 아이가 태어나면서 불편한 마음은 자비심으로 깊어졌다. 엄청나게 고통받는 곤충이 정말 가엾고 불쌍한 생각이 들었다. 아울러 곤충의 서식 환경이 급속히 변해가는 사실도 내 마음을 어둡게 했다. 몇 년 전 곤충을 잡았던 곳에서 더 이상 똑같은 곤충을 잡을 수 없게 되었다. 뽕나무밭이 변해 푸른 바다가 된다는 '상전벽해(桑田碧海)'라는 말이 절로 떠오를 정도다.

상황이 이러하니 곤충을 잡고 싶은 마음도 싹 가셨다. 비유하자면, 젊은 날의 모습을 전혀 찾아볼 수 없는 첫사랑은 만나고 싶지 않다고나 할까? 이런 측은지심은 나이가 들면서 조금씩 바뀌었다.

말은 환경 변화라고 하지만 이는 단순한 변화가 아니다. 하나에서부터 열까지 뿌리째 뽑혔다. 그동안 사라진 곤충들이 얼마나 많은지 이루 헤아릴 수 없다. 그렇다면 내가 잡든, 잡지 않든 문제가 되지 않는다. 말 그대로 구우일모(九牛一毛, 아홉 마리 소 가운데 털 한 가닥이 빠진 것)에 불과하다. 그리고 무엇보다 유한한 내 인생을 깨달았다. 죽을 때 후회하지 않게 살아 있는 동안 잡고 싶은 곤충이라도 실컷 잡자고 생각한 것이다.

이후 곤충을 채집하러 동남아시아를 찾았다. 외국으로 채집 여행을 떠난 으뜸가는 이유는 너무 많이 변한 일본의 자연을 대면할 용기가 나지 않았기 때문이다. '예전에는 여기가 이렇지 않았는데……' 하며 이맛살을 찌푸리고 싶지 않았다.

고도 경제 성장기부터 거품경제 시기까지 왜 일본인은 국토를 짓밟지 않으면 안 되었을까? 나는 이 문제를 생각하고 또 생각해보았다. 과거 일본인들은 죽기 살기로 국토를 파괴했다. 이는 경제 발전에 투자한다는 명목이었지만 정말 그렇게까지 할 필요가 있었을까 싶다. 경제를 포함해 제반 문제를 진지하게 고민한 흔적은 전혀 찾아볼 수 없다는 게 내가 내린 결론이다. 국토란 한 세대만의 소유물이 아니다. 앞으로 대대손손 이용해야 할 땅이다. 그런데 우리는 '앞으로'를 전혀 생각하지 않았던 것이다. 이는 집집마다 조상을 모시던 불단이 사라져가는 현대 일본의 풍경과 맥락을 같이한다.

조상을 기리는 일은 자손을 생각하는 일과 통한다. 얼마 전까지만 해도 조부모에서 부모 그리고 그 자손에 이르기까지 삼대에 걸쳐 가업을 이어가는 집안을 쉽게 찾을 수 있었다. 하지만 지금은 부모와 자손이 함께하는 전통 미풍이 거의 사라졌다. 이 모든 일이 도시화에 따른 '시간 감각의 변화'에서 비롯됐겠지만 이런 문제를 지적하는 사람이 한 명도 없다는 사실이 더 큰 문제라고 생각한다.

　도시의 시간 감각을 좀 더 깊이 있게 따져보면 도시에는 모든 것이 예정되어 있다. 계획에 따라 일을 하기 때문이다. 현대의 도시인들은 예정대로 일을 하는 것이 바람직하고 또 옳은 일로 여긴다. 이것이 도시의 상식이다. 그 예정이란 모두 현재에 초점을 맞춘 것이다. 그런데 불행히도 이런 사실에 주목하는 사람이 거의 없다. 예정이란 미래의 일이라고 생각해버린다. 예정은 아직 완벽하게 실현되지는 않았지만 실현되는 순간 이미 과거가 된다. 그렇다면 예정이란 미래가 아닌, 현재진행형으로 보는 것이 더 타당하지 않을까?

　같은 맥락에서 수첩에 적힌 예정 시간표는 모두 현재다. 그 증거로 수첩의 일정표가 현재를 속박하는 점을 꼽을 수 있다. 다시 말해 일단 정해진 예정은 나중에 생긴 다른 예정을 방해한다. 미리 회의 시간을 정해두었다면 새롭게 다른 예정이 생겨도 회의를 취소하지 않는 것이 보통이다. 예정은 예정을 정한 시점부터 현재로 자리를 옮긴다. 따라서 미래란 실질적으로는 아직 아무것도 정하지 않은, 예정하지 않은 시간을 뜻한다.

　그런데 이런 기약 없는 순수 미래를 도시인들은 혐오한다. 앞으로 무슨 일이 일어날지 모르면 불안하기 그지없다. 사람들은 그런 세계를 야만의 세계라고 깎아내린다. 그러나 자연의 섭리를 생각해보면 지진이나 태풍은 예정한 대로 찾아오지 않는다. 하물며 자신의 장례식 날짜를 미리 알고 수첩에 써넣는 사람도 없다.

　정해지지 않은 순수한 미래를 싫어하는 것은 자연을 인정하지 않는 태도와도 통한다. 따라서 자연을 파괴하고 대신 인공물을 채워 넣는다. 더욱이 시간이라고 하면 자신의 일정표에 들어 있는 예정만 생각한다. 결과적으로 모든 일이 현재화된다. 그러니 미래가 사라지고 후손을 생각하는 마음은 전혀 나 몰라라 외면하는 현실에 부닥뜨리게 되는 것이다.

작년 연말●에 말레이시아의 카메론 하일랜즈를 다시 찾았다. 이곳은 내가 작년 5월 연휴 때 곤충채집을 갔던 곳이다. 그런데 같은 장소에 도착한 나는 눈을 의심할 수밖에 없었다. 불과 몇 달 전에 작은 곤충들이 서식하던 산골짜기가 송두리째 사라져버린 게 아닌가. 사정이 이러하다 보니 내가 곤충채집을 그만둘 이유가 없는 것 같다. 재작년에도 같은 장소를 갔으니 어찌 보면 내가 수집한 표본은 이미 고고학 자료가 된 셈이다. 그래도 비참한 일본 상황과 견주면 말레이시아의 사례는 아무것도 아니다.

이렇게 퍼붓고 있지만 나는 지금까지 환경보호 운동에 나선 적이 없다. 너무 기가 막히면 인간은 그저 넋만 놓고 있기 일쑤다. 지금도 정신 줄 놓고 있기는 매한가지다.

최근 유전자 조작의 윤리 문제가 도마에 올랐다. 이 문제와 관련해 나는 상당히 급진적인 찬성파다. '유전자를 조작해서 인간을 바꿀 수 있다면 바꿔도 상관없다' 는 생각이 마음 한구석에 똬리를 틀고 있다. 만약 유전자 조작으로 인간이 변해도 인간 스스로 일으킨 환경 변화와 비교하면 새 발의 피가 아닐까?

● 이 글은 2000년 3월에 쓰였다.

생물은 환경에 의존해서 살아간다. 환경을 멋대로 바꿔치기한 인간이라는 생물이 자신만 변하지 않을 것으로 믿는다면 큰 오산이다. 환경 변화가 유전자 조작이라는 기술 형태로 인간의 몸에 직접 영향을 끼쳤을 때 비로소 인간은 자신이 자행한 만행을 뼈저리게 후회할 것이다. 이는 파국으로 치닫기 전까지는 그 심각성을 알 수 없으니 참으로 안타깝고 슬플 따름이다.

곤충표본을 어디에 둘까

나는 낙관주의자다. 이 나이에 즐거운 마음으로 곤충을 잡으러 다닌다. 이것만 봐도 내가 낙관론자임을 단박에 알 수 있으리라. 무엇보다 곤충은 돈이 되지 않는다. 돈이 들어오기는커녕 나가기만 한다. 뿐만 아니라 표본을 열심히 만들어도 앞으로 향방을 알 수가 없다. 곤충을 향한 마음을 자식들이 온전히 이해해주는 것도 아니다. 아무리 곤충을 사랑해봤자 내가 떠난 후 자식 세대는 그런 내 마음을 헤아려줄 리 만무하다. 이런 사실에 생각이 미치면 곤충을 단념할 법도 한데 신기하게도 더 좋아진다.

솔직히 지금 간절한 내 바람은 곤충표본을 둘 만한 마땅한 장소를 마련하는 일이다. 내 표본만 보관하는 것이 아니라 곤충쟁이들의 표본을 같이 모아두는 곳 말이다. 주위를 둘러보면 나처럼 표본 보관 장소를 아쉬워하는 곤충쟁이들이 아주 많다. 이들의 표본을 모두 한자리에 모아둘 수 있는 방법이 없을까?

가장 먼저 떠올릴 수 있는 방법은 동호회 친구다. 아마 내가 죽으면 동료들이 달려와서 표본을 맡아줄 것이다. 하지만 이 방법이 능사가 아니라는 점은 쉽게 알 수 있으리라. 맡아준 사람의 표본도 끊임없이 늘어나고, 또 표본을 쌓아둔 채 죽는 사람도 늘어나기 때문이다. 그래서 박물관이 있다. 나도 박물관의 존재는 잘 알지만 그 박물관 또한 만원이다. 게다가 일본 박물관은 대개 공공 건축물이다. 이는 박물관에 무엇을 전시할 것인지, 미리 계획안을 제출해서 그 계획대로 지은 건물이라는 뜻이다. 그렇다면 완성 단계에서 들어갈 표본거리를 미리 정해야만 한다. 하지만 표본을 얼마나 모을 수 있을지를 알 수 없으니, 이런 상황에서는 관청 예산이 통과할 리 없다.

한편 박물관에 표본이 들어가면 이용하기 어려운 점도 문제 중 하나다. 관공서 업무가 그러하듯이 잡다한 서류를 작성해야 한다. 곤충쟁이 처지에서는 '내 표본인데도 내 맘대로 못 한다고?' 하는 생각이 드니까 표본을 맡기지 않는다. 자신의 표본을 맡겨도 편하게 볼 수가 없기 때문이다. 이런 상황이니 죽을 때까지 표본을 맡기는 일은 없다. 결국 주인이 떠나면 곤충 표본도 흩어지기 십상이다.

지금 일본에는 동남아시아의 열대우림산 표본이 대량으로 유입되고 있다. 이와 관련해 좀 더 자세히 소개하면 세계 열대우림의 생물 조사는 크게 세 가지 그룹으로 나눌 수 있다. 아프리카의 우림은 유럽, 중남미의 우림은 아메리카, 아시아의 우림은 일본으로 나뉜다. 이런 식으로 생물 조사 담당 지역이 대체로 구분돼 있다. 그런데 문제는 일본의 대응이다. 좀 더 꼬집어 말하면, 생물 가운데 특히 곤충은 일본 정부 주도하에 이뤄진 체계적인 비교 조사가 거의 전무한 상태에서 개인이 필요에 따라 주먹구구식으로 곤충을 찾아 나서고 있다.

아시아의 열대우림을 파괴한 당사자는 일본의 경제 성장이다. 어디까지라고 한마디로 규정하기는 어렵지만, 훗날 이렇게 비춰질 가능성이 크다. 열대우림이 사라지는 것은 불가피한 현실이라고 해도, 우림에서 어떤 생물이 살고 있었는지를 알려주는 표본은 보존해야 마땅하다. 바야흐로 시대가 시대인 만큼 "그건 잘 모르겠는데요"라며 적당히 얼버무릴 일이 아니다. 이는 누구나 알고 있는 불편한 진실인 것이다.

아시아의 표본이 일본으로 유입되는 이유는 일본의 자본력 때문이다. 아시아의 여러 나라와 견주면 일본이 상대적으로 돈이 많은 것은 틀리지 않다. 따라서 채집된 표본이 '자연스럽게' 일본으로 들어온다. 이를 귀하게 보존하는 일은 일본의 국제적 책무다. 물론 단순 보전만이 목적이 아니다. 이런 표본은 가까운 미래에 소중한 참고자료가 된다.

주지하다시피 영국에는 대영박물관이 있다. 19세기까지의 곤충 자료, 곧 표본은 대영박물관에 대거 전시되어 있다. 그러니 일본의 곤충학자가 맨 먼저 방문하는 곳이 영국의 박물관이다. 전쟁이 끝나고 영국은 아시아에서 잇달아 철수했다. 하지만 독립한 아시아의 여러 나라들이 생물 조사를 파고들 만한 여건은 아직 마련되지 않은 듯하다. 그나마 형편이 되는 일본이 책임을 다해야만 한다. 이는 아시아의 여러 나라들뿐만 아니라 일본의 당면 과제이기도 하다. 환경문제가 심각한 일본은 과거를 알고 미래를 예측하기 위해서라도 생물의 비교 조사를 꼭 해야한다.

본디 일본 사람은 성격이 급해서 거시적인 안목으로 접근해야 하는 장기 계획에는 약하다. 역사를 돌이켜봐도 긴 호흡이 필요한 과업에서는 이렇다 할 업적을 남기지 못했다.

한편 말레이시아에 가면 1920년대 영국인이 개발한 대규모 홍차 농장이 지금도 남아 있다. 개발 이후 이미 70여 년의 세월이 흘렀지만 변함없이 영국인 일가가 소유하고 있다. 이처럼 과업이란 자기 생애에서 그치는 일이 아니다. 대대손손 계승해야 한다.

일본에도 자식에서 그 자손으로 가업을 잇는 전통이 있었다. 그런데 도시화가 진행되면서 가업 제도는 사라졌고, 동시에 자손으로 이어나간다는 계승 정신도 퇴색했다. 제도 자체가 없어진 것은 상관없지만 그 부작용을 생각해볼 필요가 있다. 요컨대 현대 일본 사람들은 '가업 제도가 사라졌으니 후손들 생각은 더는 하지 않아도 된다'라면서 애써 전통을 외면하는 것은 아닐까?

결국 지금 직면한 문제가 모든 일의 시작이자 끝이 되고 말았다. 환경문제만 해도 객관적인 과학 자료 조사가 선행되어야 하는 사실은 누구나알고 있다. 토양의 다이옥신(Dioxine) 농도를 운운하지만 이는 현재의 농도다. 그렇다면 30년 전의 농도는 어땠을까? 만약 흙이 보존되어 있다면 바로 측정할 수 있다. 이런 문제가 앞으로 자주 일어날 것이다. 따라서 흙을 채취해서 공사 이전의 상황을 보존해야 한다. 곤충표본의 보존도 이와 같은 맥락에 있다.

당면 문제에만 시선을 집중하는 사람은 이것이 어디에 도움이 되는지만 묻는다. 이는 인생을 오래 살아온 큰사람다운 물음이 아니다. 참된 인생을 살아왔다면 무엇이 자신에게 도움이 되는지 정도는 파악할 수 있을 것이다. 또 미래가 아니면 자신의 인생을 알 수 없다는 진실은 이미 이해하고 있을 테니까 말이다. 게다가 표본 보존의 필요성은 어려운 이야기가 아니다. 반드시 필요한 일이라는 사실을 대영박물관이 증명해준다.

인도네시아의 보고르(Bogor)에도 박물관이 있다. 여기에는 네덜란드 식민지 시절의 표본이 전시되어 있다. 예전에 갔을 때는 단순히 보존만 하는 상황이었다. 이 표본을 살려서 활용할 만한 여유가 없었던 것이다. 하지만 일본에는 그런 여유가 있다.

나는 이런 표본 보존관의 구축 방법을 모색하고 있다. 이 보존관에 표본을 맡겨두고 사람들이 자유롭게 출입할 수 있게 하겠다. 집에 두고 싶은 사람이라도 상관없다. 보전해둔 표본을 가져가도 괜찮기 때문이다. 다만 본인이 세상을 떠나면 '나의 표본'이라고 하는 이자를 붙여서 되돌려 받기로 한다.

기본 법칙은 단순하지만 이런 시스템을 구축하는 일은 생각보다 어렵다. 특히 일본이라는 나라는 전례가 없으면 어떻게 대처해야 할지 누구나 난감해하는 나라이기 때문이다. 정답은 시행착오를 거치면서 앞으로 나아

갈 수밖에 없다. 만약 바람직하지 못한 시스템이라면 자연도태한다.

대충 이런 밑그림을 그리고 있지만 구체적인 모양새가 갖추어지기 전에 떠나게 될까 봐 살짝 걱정된다. 물론 이 문제도 좋게, 좋게 생각하는 낙관론자이지만 말이다.

2. 곤충쟁이의
행복하고도 우울한 발견

"그까짓 곤충, 잡는다고 마음만 먹으면 잡을 수 있는 거 아닌가요?" 천만의 말씀이다.
자연은 그렇게 호락호락하지 않다. 먼저 자연 환경에도 조건이 있다.
'비가 내린다, 시기가 나쁘다, 장소가 나쁘다'와 같은 사항은 채집하기 어려운 3대 조건에 해당한다.
여기에 채집가의 몸 상태를 추가한다. 다리를 삐었다거나 배가 아프거나 열이 날 때도
채집하기에는 어려움이 따른다. 그러니 채집가의 몸 상태도 자연 조건 가운데 하나라고 볼 수 있다.
따지고 보면 몸도 자연의 일부이기 때문이다.

호주에서 만난 생물들

곤충채집이라는 목적의식 없이 해외 나들이를 갔다.* 일본 외무성 문화담당관의 부탁을 받고 호주로 강연 여행을 떠난 것이다. 맘에 드는 장소 세 군데를 고르라는 말에 캔버라(Canberra), 멜버른(Melbourne), 브리즈번(Brisbane)을 방문했다. 순회강연을 마치고 사흘 정도 케언스(Cairns)에 머물면서 개인 시간을 보냈다.

호주에는 '내추럴 리저브(Natural Reserve)'라는 자연보호 지역이 많다. 말하자면 자연 그대로의 모습으로 방치해두는 곳이다. 휴일 낮, 이 보호 지

● 이 글은 2000년 3월에 쓰였다.

역에서는 새를 들여다보거나 캥거루가 뛰노는 모습을 보면서 하루를 즐기는 사람들과, 한쪽 귀퉁이에서는 조촐한 바비큐 파티를 열고 있는 풍경을 쉽게 찾을 수 있다.

나는 호주 여행에서 캔버라 근처의 보호 지역을 찾았는데 저산대●로 일부는 조림(造林) 지역이었다. 사람의 손길이 들어간 조림 지역은 녹색만 봐도 바로 구분할 수 있다. 호주에서 즐겨 심는 나무는 유칼립투스와 아카시아다. 호주의 추운 남부 지방에서 구경할 수 있는 나무는 이 두 종류밖에 없다고 해도 과언이 아니다. 계절에 따라 다르지만 유칼립투스 숲은 녹색으로 보기 어렵다. 유독 진한 녹색이 눈에 띈다면 그곳은 조림한 증거다. 특히 어린잎은 붉은 빛깔이라서 봄이 되면 산 전체가 곱게 단풍이 든다.

유칼립투스 잎은 기름기가 많아서 불을 지피면 마른 잎이 "슈슈" 소리를 내며 탄다. 호주는 산불이 자주 나기로 유명한데, 이는 다른 식물에 샘을 내고 있다는 뜻이라고 한다. 실제 유칼립투스의 마른 잎이 땅에 깔리면 다른 풀들은 자라지 못한다. 유칼립투스의 기름 성분이 무시무시한 독이 되었으리라. 아무튼 유칼립투스의 기름기는 잦은 산불에 특히 취약하다. 그런데 정작 유칼립투스 나무 자체는 줄기가 불타서 속을 훤히 드러내도 건재하다. 이러한 속 보이는 유칼립투스는 호주 도처에서 쉽게 찾을 수 있다.

30년 전, 멜버른 대학교로 유학을 갔었다. 그러니 호주 하면 일종의 토

● 저산대(低山帶) : 식물의 수직분포대의 하나로 너도밤나무, 밤나무 등의 낙엽활엽수가 분포한다.

지 '감'이 있다. 어떤 곳에 곤충이 있는지 직감적으로 안다. 무척 건조한 땅이라서 곤충을 잡기에는 여간 힘이 드는 게 아니다. 아니나 다를까, 캔버라 보호구에는 곤충이 거의 없었다. 주위 환경을 둘러보면 느낌이 온다. 기후도 너무 건조하고 곤충채집에 알맞은 계절도 아니다. 호주의 2월 말은 무더운 여름을 지나 이미 가을의 문턱에 들어선다. 똑똑한 곤충이라면 내년을 위한 준비 모드로 돌입한다. 그렇기 때문에 나뭇가지를 살짝 흔들어 보고 고목의 껍질을 벗겨보는 선에서 마음을 접기로 했다. 이런 내 기묘한 행동을 캥거루가 멍하니 지켜보고 있었다.

캥거루는 그다지 명민한 동물이 아니다. 이는 천방지축 쏘다니는 토끼보다 캥거루의 교통사고 빈도가 훨씬 높은 사실만 봐도 알 수 있는 대목이다. 한편 몸집이 큰 캥거루 종류는 무리로 이동할 때 땅이 무섭게 흔들린다. 상상컨대 캥거루와 부딪히면 마치 교통사고를 당한 것처럼 큰 상처를 입을 것이다. 그러고 보니 캥거루와 정면충돌해서 새 차가 박살났다며 울먹이는 남자를 학회에서 만난 적이 있다. 실제 호주의 한적한 시골길에는 '캥거루 주의', '코알라 주의'라는 표지판이 우뚝 서 있다. 독일에는 '두꺼비 주의' 안내문도 있으니 참으로 재미난 세상이다.

다시 곤충 이야기로 돌아가서, 캔버라에서는 쓰러진 나무껍질을 벗겨서 호주 고유의 곤충을 몇 마리 잡았다. 요놈들이 묘한 분장을 하고 있어서 곤충을 잘 모르는 사람들은 그 소속을 가늠할 수 없을 듯하다. 만약 갑충을 잡아서 '과(科)'를 구분할 줄 안다면 당신은 곤충 프로다.

예를 들면 하늘솟과, 풍뎅잇과, 사슴벌렛과 등 이런 이름들은 분류학상 모두 '과'에 속한다. 사슴벌렛과에는 전 세계적으로 1500종 정도의 곤충이 포함돼 있다. 하늘솟과는 일본에만 800종이 넘는다. 캔버라에서 잡은 곤충은 거저릿과의 하나인데 이 과에는 몇 종의 곤충이 있는지 나는 잘 모른다. 여하튼 곤충의 종류는 우리가 생각할 수 없을 정도로 많을 뿐만 아니라 그 모양도 천차만별이다. 호주에만 수천 종의 곤충이 있을 정도다.

일본의 거저리라면 모양이 달라도 과는 대략 짐작할 수 있다. 그런데 호주에서는 '과'조차 알 길이 없다. 일본 곤충에 길들여져서 호주 곤충은 구분하기 어렵다. 곤충을 잘 구분하려면 전문 지식이 필요하다. 만약 호주에서 소속을 알 수 없는 곤충을 발견했다면 일단 거저리를 떠올리는 게 상책이다. 마른 땅에는 유독 거저리가 많기 때문이다. 거저리는 사막에 수많은 종류가 서식하고 심지어 헛간에서도 볼 수 있다. 저장해둔 곡식에도 거저리가 붙어 있을 정도다.

도쿄대학교에서 일할 때 다락에 방치해둔 쥐 사료 주머니에서 수많은 거저리를 발견했다. 구룡거저리라는 몇 밀리미터 남짓한 작은 곤충이었다. 같은 종류를 몇 년 전, 발리(Bali) 섬 길가에 있던 비료 봉지에서도 찾아냈다. 곤충을 잡으려면 이처럼 장소를 불문하고 이 잡듯 샅샅이 관찰해야 한다. 이는 곤충쟁이라면 모두가 아는 이야기일 테다.

케언스 여행에서는 '나이트 투어'에 참가했다. 나와 아내, 동행한 후배 세 명과 센다이(仙臺)에서 왔다는 젊은 여성 두 명이 함께했다. 우리 일행 다섯 명이 속한 팀 이름은 '닌자 투어'였다. 힘이 넘치는 아저씨가 일본어로 안내해주었다. 이 가이드의 사모님이 일본인이라고 했다.

'닌자'라는 이름만 거창할 뿐 별다를 건 없었다. 우리는 한밤의 열대 우림을 걷기만 했다. 손전등을 들고서 주변에 오리너구리가 있을지 모른다며 실개천을 비추었지만 오리너구리는 구경도 못 했고 주위에는 쥐만 득실거렸다. 호주의 쥐는 몸집이 매우 크고 동작이 아주 굼떠서 도저히 쥐처럼 보이지 않았다. 적이 없어서 그런 것일까 하는 생각이 들었다.

쥐는 설치류*이지, 유대류*가 아니다. 호주의 포유류*는 대개 유대류이지만 쥐와 박쥐, 해산 포유류만큼은 평범한 포유류, 곧 진수류(眞獸類)다. 종수를 헤아리자면 호주산 유대류와 나머지 진수류의 비율은 반반으로, 유대류가 호주를 독점하고 있는 것은 아니다.

박쥐는 하늘을 날아다니는 녀석이니 호주 대륙에 분포한다고 해도 신기한 일이 아니다. 바다에 바다표범이 사는 것도 당연한 일이다. 그런데 쥐만큼은 산을 넘고 바다를 건너서 아주 먼 곳에서 왔음이 틀림없다. 이는 유목(流木)을 타고 흘러흘러 정착했다는 이야기다.

유대류 가운데 설치류인 쥐와 아주 흡사한 종이 있다. '주머니쥐'가 그 주인공이다. 멜버른에서 공부할 때 주머니쥐를 찾으려고 하루 종일 목장에 있는 돌을 들썩거리며 걸어 다닌 적이 있다. 그날 기온이 섭씨 40도, 땡볕 목장은 뜨거웠지만 허리춤에 찬 물병의 물이 바닥난 거 말고는 아무 문

● 설치류(齧齒類) : 다른 말로 쥐류. 쥐는 포유류 가운데 진수류이다.
● 유대류(有袋類) : 코알라처럼 어미의 배에 있는 육아낭에서 새끼를 키우는 종류
● 포유류(哺乳類) : 현생 포유류는 유대류, 단공류를 제외한 모든 포유류가 진수류다. 단공류는 알을 낳는 포유류로 오리너구리와 바늘두더지가 있다.

제가 없었다. 습하지 않아서 땡볕 무더위도 견딜 수 있었다.

닌자 투어의 첫 무대는 '큰박쥐'였다. 케언스 시가지에는 큰박쥐가 서식하는 숲이 있다. 일본의 야쿠(屋久) 섬과 다이토(大東) 섬에도 비슷한 종이 있는데 큰박쥐는 한 나무에서 집단생활을 한다. 인도네시아의 보고르 식물원에는 큰박쥐가 서식하는 높다란 나뭇가지에 밧줄이 축 늘어져 있다. 약간의 돈을 주면 밧줄을 당겨서 나뭇가지를 흔들어준다. 그 순간 큰박쥐가 뛰쳐나온다. 이 무용담을 닌자 일행에게 들려주었더니 다들 웃음보를 터뜨렸다.

6년 전에도 케언스 주변 우림으로 곤충채집을 하러 갔다. 이 지역은 개발이 더뎌서 삼림이 훌륭하게 보존되어 있다. 평지는 사탕수수 밭이지만 조금 경사진 곳은 아직 개발되지 않아서 곤충채집에 더할 나위 없이 훌륭한 장소다. 이 우림의 한가운데에 집을 짓고 사는 사람이 있었으니, 바로 그 집이 닌자 투어단의 최종 목적지였다. 그곳 사모님이 스테이크를 구워주기로 했는데 이것이 저녁식사였다.

호주에는 스테이크를 먹으면서 와인이나 맥주를 마시는 게 가장 무난한 식단이다. 밥이 없어도 스테이크 하나면 충분하다. 하지만 나는 밥을 먹지 않으면 살이 쭉쭉 빠진다. 유학할 때도 밥을 잘 못 챙겨 먹어서 몸이 꼬챙이처럼 말랐다. 아마도 나는 탄수화물이 적으면 살이 빠지는 체질인가 보다.

한밤에 열대우림을 걷다가 흰개미 둥지에서 작은 갑충들이 모여 바쁘게 움직이는 모습을 포착했다. 교미하는 장면도 목격했다. 흰개미 둥지란 바로 개미탑이다. 커다란 죽순같이 생긴 흙 탑이 지면에서 우뚝 솟아 있다. 작은 둥지는 수십 센티미터, 큰 둥지는 사람 키를 훌쩍 넘는다.

그런데 개미탑에서 발견한 갑충의 과는 잘 모르겠다. 다리가 붙은 모양을 봐서 거저리는 분명 아니었다. 긴썩덩벌렛과인가? 이렇게 기이한 곤충을 만날 수 있는 점이 호주의 묘미다.

곤충 몇 마리를 잡아서 집으로 돌아왔다. 들뜬 마음에 닌자 일행에게 보여주었지만 별다른 반응이 없었다. 상대는 전혀 모르는데 나만 혼자 신나서 떠드는 일은 듣는 사람에게 폐만 끼칠 따름이다. 바로 이런 점이 곤충쟁이의 약점이다.

곤충은 변함없이 봄을 알린다

올봄은 아주 더디게 왔다.* 작년 가을부터 포근한 날씨가 이어져 12월이 돼도 겨울을 실감하지 못했다. 그 덕분이라고 해야 할까? 해가 바뀌고 4월 중순까지도 기온이 냉랭했다. 평소 1월에 피던 우리 집 동백나무가 벚꽃과 함께 첫인사를 했다. 동백뿐 아니라 명자나무(장미목 장미과의 낙엽관목)도 평년보다 늦게 피었다. 벚꽃과 명자나무와 목련이 나란히 핀 꽃 잔치는 정원을 화사하게 물들였다. 어쩌면 우리 같은 노인네들이 사는 집에서는 꽃들이 만발한 소식이 집안의 경사인지도 모른다.

● 이 글은 2000년 6월에 쓰였다.

이른 봄에 피어야 할 꽃들이 늦게 피는 이유는 겨울이 늦게 찾아왔기 때문이다. 적당한 시기에 감내해야 하는 추위가 개화의 조건이 아닐까 싶다. 이렇게 얼버무리고 있자니, 식물의 생리에는 전혀 문외한임을 다시 한 번 깨닫는다.

특히 올해에는 매화가 늦게 피었다. 행여 벚꽃과 함께 찾아오는 건 아닐까 하며 마음을 졸였다. 걱정해도 뾰족한 수는 없겠지만 괜스레 신경이 쓰였다. 사실 내가 봄꽃에 집착하는 이유는 꽃이 피는 시기로 계절을 읽을 수 있기 때문이다. 개화시기를 통해 적절한 곤충채집 시기를 가늠한다. 그런데 개화시기가 어그러지면 계절을 헤아리기 어렵다. 꼭 잡고 싶은 곤충이 있다면 계절 읽기는 아주 중요한 문제다. 그도 그럴 것이 시기를 놓치면 단 한 마리도 구경하지 못할 테니까 말이다. 지금 내가 말하는 계절은 달력상의 숫자가 아니라 자연의 흐름을 말하는 것이다.

특정 시기에만 볼 수 있는 곤충 중 나비를 예로 든다면 '기후나비'가 대표주자다. 봄의 여신인 기후나비는 3월 하순, 쌀쌀한 기운이 채 가시지 않았을 때 이미 어른벌레가 되어 사뿐사뿐 춤을 춘다. 만국박람회 개최 예정지인 아이치(愛知) 현 해상 숲에서 지난 4월 중순경 나는 기후나비를 만났다. 벚꽃이 만발할 때였다. 그렇다면 내가 좋아하는 갑충 가운데 이른 봄에만 구경할 수 있는 곤충이 있을까? 있긴 하지만 곤충 이름을 소개해도 아는 사람이 드물다.

일본 고유의 잎벌레 가운데 새까만 바탕에 오렌지 물방울무늬가 네 개 있는 곤충이 있다. 우리 집 주변에서는 바로 이 녀석이 봄을 알리는 반가운 곤충이다. 쇠별꽃이 돋아나면 뿌리 주위에 슬금슬금 기어 다닌다. 뒷날개가 퇴화해서 날지 못하는 곤충인데, 최근에는 이 녀석을 구경하기 어렵다.

원래 쇠별꽃은 주위에서 흔히 볼 수 있는 잡초지만 잡초가 자라날 수 있는 땅이 매년 택지 개발 등으로 사라지고 있다. 만약 우리 집 정원에서 이 곤충을 보면 소중하게 보호할 테지만 안타깝게도 아직 집에서 구경하지는 못했다. 얼마 전까지만 해도 사찰 앞마당에서 흔히 만날 수 있던 곤충들이 사찰 정비와 함께 모두 사라졌다. 잡초도 마찬가지다. 바로 이런 상황에 놓일 때 곤충쟁이는 눈물을 삼킨다. "정원을 아름답게 꾸미는 일도 중요하지만, 곤충도 생각해주세요!" 물론 이런 호소가 통할 리 없다. 어떤 곤충을 생각해야 하는지 사찰 시설을 정비하는 사람들은 알지 못한다.

올 4월 하순경, 드디어 단풍나무 꽃이 피었다. 대체로 단풍나무는 3월 말쯤 꽃이 피기 시작한다. 그런데 4월 하순에 꽃이 피었으니 예년보다 보름에서 한 달 정도 늦은 감이 있다. 이 단풍나무 꽃에도 곤충들이 많이 모인다. 이런 이야기를 하면 많은 사람들이 "단풍나무에도 꽃이 피나요?" 하며 고개를 갸우뚱한다. 그러면 나는 "꽃이 있고 열매를 맺으며 씨로 번식하는 종자식물이니 당연히 꽃이 피지요" 하고 반문할 수밖에 없다.

초봄에는 단풍나무가 붉게 보인다. 단풍나무가 붉은 빛깔을 띨 때는 어린잎이 붉게 보일 때와 꽃이 필 때이다. 어린잎은 빨간색이 도드라지게 드러나서 바로 알아볼 수 있는 것에 견주어 단풍나무 꽃의 불그스레한 빛깔은 수수한 색으로 적갈색에 가깝다. 단풍나무 꽃이 피면 곤충의 계절이 활짝 막을 올린다. 수많은 종류의 기이한 곤충들이 단풍나무로 모여든다. 이

유인즉 꿀이 많기 때문이다. 단풍나무 진액으로 만든 메이플 시럽(Maple syrup)이 인기 있는 것만 봐도 단풍나무에 달콤한 꿀단지가 듬뿍 들어 있음을 쉽게 알 수 있다.

이를 용케 알고 있는지 가마쿠라에서는 추운 겨울 동안 타이완다람쥐가 단풍나무 껍질을 맛나게 갉아먹는다. 우리 집 마당에 있는 단풍나무 노목도 껍질이 훌러덩 벗겨졌다. 그래서 하는 수 없이 다람쥐 덫을 만들어서 빵 조각을 덫 근처에 두었다. 그런데 이 약삭빠른 다람쥐가 이에 뒤질세라 연일 눈치만 슬슬 살피는 게 아닌가. 최근에는 갑자기 개체 수가 늘어난 타이완다람쥐 때문에 시에서 구제를 시작했다고 한다. 먹이를 주지 않는 방법을 시도하고 있지만 이것도 쉽지 않은 듯하다.

한편 계절 변화에 가장 민감한 곳은 열대지방이다. 1년 내내 무더운 열대지방에서는 계절을 어떻게 구분할까? 아니 계절이 있기는 한 걸까? 열대지방의 곤충도 출현 시기가 정해져 있는 종과 정해져 있지 않은 종으로 나눌 수 있다. 적절한 시기가 있다는 이야기는 열대지방에도 계절이 있다는 뜻이리라.

흥미롭게도 보르네오의 열대우림 지역에서는 7년에 한 번, 모든 산의 수목이 꽃을 피운다. 뒤집어 말하면 7년 동안 풀이나 덩굴을 제외하고 꽃을 구경할 수 없다는 의미다. 베트남과 라오스 주변에는 떡갈나무 친구들이 6월쯤 꽃을 피운다. 이 지방에는 비가 내리는 우기와 비가 한동안 내리지 않는 건기의 구별이 있다. 그래서 사람들은 우기, 건기와 개화가 관련이 있을 것으로 막연하게 생각한다. 아쉽게도 나는 이와 관련해 진실을 알지 못한다.

지금은 열대에 속하는 지방이라도 지사학(地史學, 지구의 역사에 관한 학문)에서 보면 열대가 아니었는지도 모른다. 요컨대 현재 1년 내내 무더운 열대지방이라도 옛날 옛적에는 계절의 구분이 있었다. 어쩌면 생물은 그 계절을 기억하고 있다가 기억에 따라 계절을 구분하는 것은 아닐까?

열대지방과 달리 적도 지방은 좀 별난 곳이다. 그도 그럴 것이 적도 선을 경계로 계절도 역전하기 때문이다. 남반구의 여름은 북반구의 겨울이다. 그렇다면 적도는 어느 쪽을 선택해야 할까? 이렇게 생각이 꼬리를 물다 보면 역시 열대지방에서는 계절을 운운하기 어려울 듯하다. 그래서 7년에 한 번 꽃을 피운다는 묘한 원칙이 생겼는지도 모르겠다.

올해는 어쩐지 꽃가루 알레르기가 더 심해진 것 같다. 기온에 따라 증상이 달라지는데 따뜻해지면 말끔히 낫고, 추워지면 바로 재채기가 나온다. 간혹 갑자기 기온이 떨어져 재채기가 쏟아질 때가 있는데 그때는 여간 괴롭지가 않다. 그러고 보면 봄날의 곤충도 반갑지만 알레르기를 몰아내는 따뜻한 봄날도 여간 반가운 손님이 아니다. 그런데 올해는 그 봄날이 아주 늦게 찾아왔다.

"꽃가루 알레르기는 문명인이 되었다는 증거다!"

이렇게 큰소리치던 내가 어느새 문명인이 되었나보다. 직접적인 원인은 꽃가루일 테지만 저변에는 도시화와 함께 찾아든 불청객이 도사리고 있다. 솔직히 말해 불청객의 확실한 정체는 잘 모르지만 말이다.

'집먼지'라는 재미난 단어가 있다. 옛날에도 분명 집먼지는 있었다. 그런데도 새삼 집먼지가 알레르기를 유발하는 범인이 된 걸 보면 같은 먼지라도 오늘날의 먼지에는 뭔가 다른 성분이 들어 있지 않나 싶다. 이와 관련해 옛 가옥의 먼지와 현대인이 사는 아파트의 먼지를 비교해본 사람이 있을까?

미국인의 알레르기도 상당히 심각하다. 미국 서부 해안에서는 이 문명병을 사전에 차단하기 위해 알레르기 기피자들이 문명의 산물을 가급적 멀리하면서 특정 장소에 옹기종기 모여 사는 마을이 있다고 한다. 그곳에 사는 사람들은 주택 설계에서 쓰레기 처리까지 철저하게 확인하면서 화학오염을 줄이기 위해 최선을 다한다. 이렇게 현대인은 자신만의 스타일을 고집하면서 생활한다.

유별나게 사는 사람들의 생활상을 책으로 접할 때면 거의 알레르기 수준이 아닌가 하는 생각마저 든다. 문명병을 병적으로 멀리하려고 한다면 그것 역시 알레르기가 된다. 어쩌면 '메타 알레르기'가 진짜 문명병이 아닐까?

문득 봄날의 곤충을 마냥 기다리던 그때 그 시절이 한없이 그리워진다.

마을 뒷산이 천국이다

아이치 만국박람회가 2005년, 세토(瀨戶) 해상 숲에서 열릴 예정이다. 자연과의 공생을 기치로 내건 미래 지향적 세계 박람회인데, 일본은 변함없이 개발을 가장한 자연 파괴형의 조감도를 내놓고 있다. 이런 이유로 국제박람회기구(BIE, Bureau International des Expositions)의 원성을 사고 있다. 결과적으로 박람회 개최 준비 계획이 답보 상태다. 그 세세한 사정은 신문을 통해 이미 알고 있는 분도 많을 것이다.

박람회의 기본 방침을 정하는 위원회에 참석해 달라는 일본 통산성의

● 이 글은 2000년 7월에 쓰여졌음을 밝힌다. 이 글에서 언급된 아이치 만국박람회는 생태계 보호 측면에서 여러 모로 의미 있는 국제적 행사였다. 그에 대한 자세한 내용은 100~102쪽에 설명을 해두었다.

제안에 참가하겠노라고 의사 표명을 했지만 위원회 자체가 동결됐으니 활동 여부는 불투명하다. 하지만 위원회의 활동을 떠나서 해상 숲을 직접 둘러보고 싶은 마음에 4월에 현지로 떠났다.

개최 예정지 주변은 기이한 지형을 자랑한다. 이는 하네다(羽田) 공항에서 기타큐슈(北九州)나 주고쿠(中國) 지방으로 향하는 비행기를 타보면 바로 알 수 있다. 나지막한 언덕 모양의 둥근 산이 쭉 늘어서 있는데, 나에게 친숙한 간토(關東) 지방의 가파른 언덕바지와는 사뭇 다른 느낌이다. 하늘에서 본 색다른 인상을 직접 확인해보고 싶던 차에 박람회가 좋은 계기가 된 것이다.

아이치를 방문했을 때 가장 눈에 띈 것은 환경보호 활동을 나타내는 표지판이었다. 경작지로 더는 쓰지 않는 논밭에 수많은 세움 간판이 시선을 사로잡았다. 대나무 간판에는 소유자의 이름표가 하나씩 붙어 있었는데 이는 "개발을 반대한다"는 의사표시였다.

이틀 동안 둘러보았는데 해상 숲을 구경하기에는 충분한 시간이었다. 이곳의 자연환경, 즉 나지막한 동산에서는 졸참나무, 굴참나무 등 땔감용 목재를 흔히 볼 수 있었다. 또 모밀잣밤나무 숲도 일부 남아 있었다. 마을에서도 가깝고 생활과 밀접한 야트막한 동산은 전 세계적으로도 특이한 예가 아닐까 싶다. 그도 그럴 것이 오랜 세월에 걸쳐 인간과 자연이 서로가 서로에게 영향을 끼치며 관계를 맺어왔기 때문이다. 그 결과 자연은 인간을 몰아내지도 않았고 인간 역시 자연을 무참히 짓밟지도 않았다. 자연과 인간의 타협이 있었기에 노력의 산물이 탄생할 수 있었던 것이다.

지금까지 해외여행을 하면서 고향 동산의 풍경을 쉽게 만나지는 못했다. 동남아시아의 시골을 둘러보면 낮은 야산이 눈에 들어온다. 예를 들면 발리의 계단식 논은 일본의 동산과 아주 비슷하다. 하지만 그 배후의 삼림을 보면 커피, 고무 등 상품 생산용 나무로 뒤덮인 숲이다. 말하자면 무늬는 숲이지만 실체는 밭이나 마찬가지다. 말레이반도의 플랜테이션(재식농업)은 주위가 온통 팜 야자나 고무, 차를 생산하는 나무로 넘친다. 가끔 다른 종류의 나무가 눈에 띄어서 '자연 식생이 남아 있구나!' 하며 반가운 마음에 가까이 다가가 보면 과일나무다. 이렇듯 모든 나무가 상품 생산을 위해 존재한다.

이것이 나쁘다거나 무엇은 안 된다는 이야기가 아니다. 내가 말하고 싶은 바는 마을의 뒷동산과는 분명 다른 점이다. 시골 마을의 뒷산이나 앞산에서 자라나는 나무가 원래 그곳의 우점종*이라고 단정할 수는 없다. 하지만 졸참나무, 굴참나무 같은 땔감용 나무는 해당 토지와 잘 어울리는 식목인 것은 확실하다. 다시 말해 마을 사람들은 뒷산의 신토불이 나무를 훌륭하게 이용하고 있다.

원래 플랜테이션이란 수익을 올리기 위한 대량생산 농업 방식이기에 자연과의 '상부상조' 따위는 안중에도 없다. 즉 수확을 최우선으로 삼는다. 이러한 대규모 플랜테이션 농장을 보고 "삭막하다"고 느끼는 사람이 비단 나뿐만은 아닐 것이다.

● 우점종(優占種) : 생물군집에서 군집의 성격을 결정하고, 군집을 대표하는 종류

반면 마을 가까이에 있는 자그마한 산은 주민들의 일상생활과 밀접한 관련을 맺고 있다. 인근 마을 주민들은 동산에 올라가 땔감을 마련하고 풀이나 잡초를 베어 비료나 사료로 쓸 뿐만 아니라 지붕도 인다. 또 버섯이나 산나물을 캐기도 하는데 이는 수렵 채집의 흔적으로 보인다. 그런 의미에서 고향 동산에서는 사람이 사는 멋과 풍요로움을 느낄 수 있다. 또 뒷산에는 그 마을의 긴 역사가 고스란히 새겨져 있다. 그러나 대량생산의 플랜테이션에서는 1년에 얼마나 수익을 올릴 수 있는지를 먼저 따진다. 그 밖의 다른 질문은 중요하지 않다.

미국 중서부의 대표적인 농장인 밀, 옥수수, 해바라기 밭이 플랜테이션에 가깝다. 아무튼 이들 지역을 둘러보면 온통 똑같은 풍경이 끝없이 펼쳐진다. 같은 맥락에서 일본의 농업도 대규모 기업형으로 바꿔야 한다는 목소리가 종종 들린다. 그것이 정답일지도 모르고 정답이 아닐지도 모른다. 다만 비행기에서 내려다본 자연은 나에게 속삭인다. "일본의 흙과 땅은 지금처럼 세분해두는 것이 좋다"고 말이다.

세계 지도를 보면 이탈리아반도와 일본은 가늘고 길쭉한 닮은꼴 지형이다. 그렇지만 비행기에서 내려다본 풍경은 굉장히 다르다. 영국도 섬나라라는 점에서는 일본과 비슷하지만 언덕의 모양새가 다르다. 가장 두드러진 차이는 비행기를 타고 내려다봤을 때 영국은 기울기가 완만하고 큼지막한 언덕이 흩어져 있다. 이와 견주어 일본의 지형은 가파르고 촘촘한 편이다. 유럽 언덕이 손바닥 모양의 잎이라면, 일본 언덕은 기다란 막대기 모양의 풀고사리 잎이다. 외국의 하늘을 경유해 처음으로 나리타(成田) 주변의 언덕을 보았을 때 '일본의 형세가 이렇게 촘촘했던가' 싶어 깜짝 놀랐던 적이 있다. 따라서 토지 이용도 일본의 특수한 지리 환경에 부합해서 발전해 왔다.

그런데 이런 일본인의 토지 감각이 미국식 토목 공사가 도입되면서 조금씩 어그러졌다. 가장 큰 영향을 끼친 불도저는 일본의 지리 조건과는 맞지 않는다. 무엇보다 옹기종기 촘촘한 지형에서는 불도저가 폭군이나 다름없다. 전시 상황에서 미군은 순식간에 비행장을 만들었지만 일본은 삼태기와 인력으로 안간힘을 썼다. 결국 불도저가 들어왔고, 이것이 일본 지형을 파괴했다.

해상 숲을 거닐면서 자연보호 문제의 어려움을 통감했다. 마을 동산은 그다지 특별한 점이 없는 평범한 산이다. 하지만 "어디에서나 쉽게 볼 수 있으니 그저 그런 산이 아니냐"고 반문한다면 절대 그렇지 않다고 목소리를 높일 것이다. 이는 이미 하늘에서 내려다본 풍경 이야기에서도 소개한 바와 같다.

개인을 생각해봐도 이는 바로 알 수 있는 문제다. 한 사람 한 사람은 모두 다르지만 인간이라는 공통분모에는 변함이 없다. 만약 흔하디흔한 인간이라고 생각한다면 그 사람을 대신할 만한 것들은 얼마든지 찾을 수 있다. 그렇지만 둘도 없이 소중하고 귀한 사람이라고 여긴다면 그 사람은 이 세상에 둘도 없는 가장 소중한 존재가 된다.

일본의 도시화는 더할 나위 없을 정도로 발전했다. 그러나 도시라는 곳은 '나'를 대신할 만한 대체품이 넘치는 세상이다. 회사나 관청 같은 조직에 근무한다면 이 말을 더 잘 이해할 수 있을 것이다. 개인이 없어져도 조직은 사라지지 않는다. 누군가가 '나'를 대신하면 되기 때문이다. 여벌이 넘치는 세계에서는 둘도 없이 소중한 절박함과 간절함이 낮을 수밖에 없다. 예컨대 오부치 게이조®가 넘어지면 모리 요시로®가 대신 나서면 되는 이치와 같다. 모리가 쓰러지면 다시 누군가 나타날 테니까 말이다.

사람의 손길이 전혀 닿지 않은 원시림은 인간과 멀리 떨어져 있기 때문에 지금까지 살아남을 수 있었다. 이 말은 인간과 밀접한 관계를 맺지 않으면 존재 자체가 큰 영향을 받지 않는다고 볼 수 있다. 그러나 마을 동산은 다르다. 인간의 생활 없이 뒷동산의 풍경은 살아나지 않는다. 인간의 손때가 묻었다고 해서 도시냐 하면, 그건 절대 아니다. 마을 뒷동산은 누가 봐도 시골의 깊은 산속 마을이다. 이런 특별 구역을 오랫동안 지켜왔던 것은 바로 우리의 생활이었다.

우리 집은 가마쿠라의 산골짜기에 자리 잡고 있는데 덕분에 집 주위가 야트막한 동산으로 둘러싸여 있다. 예전에 독일인 친구 내외가 우리 집을 방문한 적이 있다. 터널을 지나 산동네를 처음 접한 순간, "우와, 여기가 천국이네!" 하며 혀를 내둘렀다. 외국인에게도 마을의 뒷동산이 아름답게 비쳤으리라. 말이 나왔으니 말이지만 솔직히 천국은 아니다. 그저 우리에게 익숙한 마을 동산, 제대로 가꾸지 않은 지 수십 년이 지난 수수

● 오부치 게이조(小淵恵三) : 일본의 제84대 총리
● 모리 요시로(森喜朗) : 일본의 제85·86대 총리

한 산이다.

"외국인들이 아무리 천국이라고 부러워하면 뭐해요? 동산은 돈이 되지 않는걸요."

설마 이렇게 투덜대는 사람은 없을 테지만 돈으로 모든 것을 재단하는 일은 이제 그만두는 게 어떨까? 아무리 재산을 쌓아두어도 떠날 때는 빈손으로 가는 게 우리네 인생이니까 말이다.

**정부와 국민이 하나 된 환경 愛 박람회,
'아이치 만국박람회'**

일본 아이치에서 열린 2005 만국박람회(EXPO2005)는 '자연의 지혜'를 테마로 185일간(3월 25일~9월 25일) 개최되었다. 아이치 만국박람회는 수치상으로 여러 가지 훌륭한 성과를 남겼지만(총 입장객 수 2204만 9544명, 1조 2822억 엔의 경제효과, 100억 엔 이상의 수익 등), 환경 보호 차원에서도 본받을 만한 모습을 보여주었다.

94쪽의 요로 다케시의 글에서도 알 수 있듯, 아이치 만국박람회는 수많은 우여곡절 끝에 열린 박람회다. 유치에서 개막까지 모두 16년이 걸렸다. 1989년에 아이치 현이 만국박람회의 개최지를 세토 시의 '바다 위의 숲'으로 결정하자 환경단체들이 동식물과 수맥 조사를 하고 박람회 개최가 지역 생태계에 미칠 영향을 밝혀가며 거세게 반대운동을 벌였다.

곧 반대운동은 시민단체로까지 퍼졌다.

하지만 아이치 현은 환경단체 및 시민단체들의 반대 주장을 배제하지 않았다. 오히려 적극적으로 받아들여 2000년에는 다양한 의견을 지닌 시민들과 전문가들로 구성된 '아이치 만국박람회 검토회의'를 발족했다. 그 결과 숲 이용면적을 당초 계획의 10분의 1로 줄이기로 결정하고, 주 전시장을 이미 건립된 아이치 청소년공원으로 옮겼다. 박람회가 끝난 뒤에는 숲 전체를 아이치 현이 관리해 정부의 책임 아래 환경보호를 더욱 적극적으로 실시했다. 그 결과 아이치 만국박람회에서는 만국박람회 역사상 처음으로 시민들이 직접 준비한 235개의 전시회가 열렸고, 335개가 넘는 시민단체가 참가하는 큰 성과를 거두게 되었다.

환경보전 의식이 확산된 것도 아이치 만국박람회의 성과 중 하나다. 일본에서는 기업 차원의 환경보전은 빨리 보급됐지만 시민과 가정으로 확산되는 속도는 늦는 편이었다. 그러나 아이치 박람회에서는 환경보전에 대한 일반 시민들의 관심과 참여도가 예상을 뛰어넘었다.

시민들이 참여한 활동 중 가장 성공한 것은 '에코마네(환경자금)'다. 수퍼마켓에서 받는 비닐봉투를 한 장 줄이면 제조와 소각 단계에서 배출되는 이산화탄소를 줄일 수 있고 지구온난화 방지로 이어진다. 또 외출할 때 자가용을 이용해 불필요한 가스를 내놓는 대신 대중교통을 이용하면 지구 환경에 도움이 된다. 이런 '환경에 대한 배려'를 포인트로 모아두는 것이 에코마네다. 이는 현재 한국에서 실시되는 '탄소 줄이기' 운동과 같은 맥락이다.

　박람회 기간에 쌓은 포인트는 일정 수준 이상이 되면 경품과 교환할 수 있고, 환경보전단체에 기부할 수도 있게 했다. 기부할 경우에는 그 징표로 박람회 사무국 벽에 그려진 커다란 나무 그림에 나뭇잎 모양의 스티커를 붙이게 했다. 그 결과 박람회 입장객의 2.7%인 60만 명이 이 행사에 참여했고, 이 중에서 20%의 포인트가 기부돼 커다란 나무 그림은 녹색 주단처럼 잎사귀 스티커로 덮였다고 한다.

　살펴보았듯이, 아이치 박람회는 '시민단체의 적극적인 참가', '환경보전 의식의 확산', '환경기술의 현실화'라고 하는 뜻깊은 결실을 내놓았다. 이런 결실은 미래를 위한 소중한 자산이다. 우리도 크고 작은 국제 행사를 많이 치르고 있는데, 환경을 생각하는 행사를 기획하는 데 있어 아이치 박람회의 의미를 음미해볼 필요가 있겠다.

베트남을 가다 1
민둥산의 운명

5월 말에서 6월 초가 되면 늘 베트남으로 채집 여행을 떠났다. 하지만 작년에는 베트남이 아닌 라오스로 곤충채집을 나섰다.* 태국 일정도 잡혀 있었기에 전체적인 채집 기행의 취지는 '인도차이나 반도의 생물 다양성 탐구'라는 거창한 주제를 내걸고 움직였다. 나 홀로 여행은 왠지 모르게 불안해서 네다섯 명의 괴짜 동지들을 모집해 대장정을 시작했다.

이번 방문지는 베트남 북부와 중국 국경에 가까운 구엔 빈이라는 마을이었다. 차로 5분 남짓 달리면 마을 관광이 다 끝날 정도로 아주 작은 마을이었다. 마을에 있는 건물이라고는 밥집 몇 곳과 잡화점 몇 군데, 지붕 딸

● 이 글은 2000년 8월에 쓰였다.

린 주차장처럼 생긴 아침 시장이 서는 건물이 전부였다. 주위 산골짜기에는 농가가 흩어져 있었다.

하노이에서 차로 5시간쯤 이동하면 이 마을을 만날 수 있다. 실은 이 마을이 우리의 목적지는 아니었다. 마을에서 20킬로미터 더 들어가면 원시림으로 뒤덮인 피아 오크(Pia Oac) 산이 나오는데 바로 이곳이 우리의 최종 목적지였다.

원시림까지 들어가면 숙박할 곳이 마땅치 않아서 구엔 빈에서 여장을 풀기로 했다. 그런데 미리 알고 있던 것과 달리 이 마을에는 호텔이 없었고, 마침 고급 숙박시설을 짓고 있었다. 그러고 보니 숙소처럼 보이는 미완성 건물에서 몇 명의 인부가 바쁘게 움직이고 있었다. 한창 공사 중이라는 사실은 알겠지만 이미 도착한 우리에게 그 건물은 전혀 도움이 되지 않았다.

하노이에서부터 우리 일행과 함께했던 운전기사가 마을 한가운데에 있는 음식점으로 우리를 안내했다. 일행은 그 음식점에서 일단 머물기로 했다. 우리를 그곳까지 태워다준 운전기사는 공항 택시 회사에 근무하는 기사였는데 우리가 하노이에 갈 때마다 찾는 기사였다.

베트남에서는 어디를 가도 '꼼(Com)'과 '포(Pho)'라고 적힌 가게를 만날 수 있다. 이는 쌀밥과 국수를 뜻하는 단어다. 거창하게 표현하면 레스토랑이지만 '밥집'이라는 말이 오히려 안성맞춤이다. 게다가 이 가게들은 술집도 겸하고 있다.

영화배우 와타나베 에리코 씨를 쏙 빼닮은 애교 만점 여주인이 기사와 이야기꽃을 피웠다. 우리 일행은 베트남어를 전혀 할 줄 몰랐다. 뿐만 아니라 운전기사가 영어로 물으면 더듬더듬 한마디씩 내뱉는 게 전부라서 의사소통이 제대로 되지 않았다. 좀 복잡하게 얽히는 이야기는 무슨 뜻인지 도통 알 수가 없었다. 여주인은 우리가 일본인이라는 사실을 알자 "신카이, 신카이!" 하고 소리쳤다. 이는 일본인의 성(姓)인데, 이 지방의 곤충채집을 개척한 위인이라고 한다. 곤충채집의 세계에서는 이런 선구자가 더러 있다.

전혀 의미가 통하지 않는 대화를 한참 듣고 있는 동안 음식점에 있던 여자 아이가 매트리스와 화려한 베개를 어딘가에서 가져왔다. 아마도 우리의 이부자리인 듯했다. 마침내 우리는 그 밥집에서 머물게 됐다.

원래 음식점에는 손님이 우르르 몰려올 때가 있다. 그런 때를 대비해 2층도 마련해두는데 이 가게는 3층까지 있었다. 다만 한 층의 크기가 부엌을 제외하면 두 사람이 겨우 누울 수 있는 좁은 공간이라 일행 네 명은 두 사람이 한 조가 되어 2층과 3층을 각각 차지했다. 평소에는 공실이었던지 바닥은 뽀얀 먼지로 뒤덮여 있었다.

침상으로 보이는 널찍한 자리를 네 개 가져와서 그 위에 대나무 판을 깔고 매트리스를 올려놓으니 근사한 침대가 되었다. 무더운 지방은 이래서 편하다. 건물 벽면 바깥쪽은 완전 발코니풍이다. 그 발코니에서 내려다보니 아래는 이 마을에 하나밖에 없는 큰길이 뻗어 있었다.

발코니에는 몇 사람이 식사를 할 수 있게끔 테이블이 놓여 있었고 발코니와 방은 서로 트여 있었지만 큰 문제는 없었다. 베트남 어디를 가도 일인용 모기장은 반드시 있어서 모기 걱정도 하지 않았다. 그러나 문제는 욕실이었다. 3층에 욕실이 있었는데 처음에는 찬물만 나오리라 예상했다. 그도 그럴 것이 구엔 빈에 도착하기 전에 묵었던 쿠쿠 홍 국립공원 숙소에서는 찬물만 나왔다. 제아무리 더운 베트남이라도 우물물을 뒤집어쓰면 몸이 부르르 떨린다. 그런데 이곳 욕실에는 달랑 세면대만 있는 게 아닌가.

물론 수도꼭지가 있다. 신기하게도 세면대에서 흘러 내려간 물이 옆의 대야로 떨어졌다. '도대체 이게 뭐지?' 하며 고개를 갸우뚱하다가 수도꼭지를 왼쪽으로 비틀면 따뜻한 온수가 나오는 것을 알게 되었다. 온수가 세면대를 지나 배수구에서 대야로 떨어지는 것을 보고 이 물로 목욕재계를 하면 되겠다고 결정을 내렸다. 말이 통하지 않는 나라에서는 이런 사용법 정도는 스스로 발견해야 한다.

다음 날은 아침부터 최종 목적지인 산으로 향했다. 중국 그림에 종종 나오는 작은 봉우리가 멀리서 봐도 험난한 산세로 이어져 있다. 일본에서는 볼 수 없는 풍경이다. 일본의 산은 화산이 많고 기울기가 완만한데 베트남의 산은 기암괴석이 산을 뒤덮고 가는 곳마다 골짜기가 눈에 띄었다.

떨어지면 바로 황천길로 직행할 것만 같은 산길을 엉금엉금 차로 달렸다. 비 온 뒤의 비포장도로라서 무척이나 길이 미끄러웠다. 순간순간 차가 미끄러질 때가 있었는데 그때마다 가슴을 쓸어내리곤 했다. 이런 곳을 승용차로 오르는 것 자체가 위험천만한 일이다. 가끔 차가 스쳐 지나갔는데 버스나 트럭, 사륜구동 차였다.

우리가 목적지로 정했던 산은 기대 이상으로 훌륭했다. 산 전체가 원시림인데, 이제 베트남도 이런 원시림을 구경하기는 힘들 것 같다. 대부분의 산은 벌거벗은 민둥산이다. 아마도 산을 덮고 있는 풀과 나무를 불태우고 그 자리에 밭을 일구는 화전(火田)을 오랫동안 되풀이했기 때문일 것이다.

산촌 마을도 험난한 비탈길을 개척해서 전형적인 계단식 논을 만들었다. 얼핏 보면 일본과 비슷하지만 이는 동산이 아니다. 원시림과 논밭 사이에 자연도 인공도 아닌 중간 지대는 없다. 또 발리처럼 동산에 해당하는 땅에는 커피나 과일나무 같은 상품 생산용 수목이 가득하다. 이는 일본의 차밭과 귤밭에 해당한다. 넓은 의미로 봤을 때 밭이지 동산이라고 할 수 없다. 어쩌면 열대우림 기후이기에 제대로 손질해서 마을 동산처럼 이용하는 게 매우 어려울지도 모른다.

오늘날 열대우림을 보호하자는 목소리가 거세다. 이를 남북문제●로 포착하는 것이 일반적인 견해지만 또 다른 문제가 있는지도 모른다. 열대우림에서는 인간과 자연이 서로 조화를 이루며 공생하는 고향 동산의 모습을 애초 기대하기 어려운 것은 아닐까? 우림의 생태계는 아주 예민해서 일본식 손질이 불가능한지도 모른다. 조금만 인간의 손길이 닿아도 모두 파괴되고, 손길이 닿지 않으면 정글로 남아 있기 일쑤다. 다시 말해 극과 극을 달린다.

인류는 열대우림의 복잡한 시스템을 훌륭하게 이용하는 방법을 아직 개

● 남북문제 : 경제적 의미의 남북문제는 북반구의 선진 공업국과 남반구의 개발도상국 사이의 경제적 격차에서 오는 정치경제적 문제를 뜻함

발하지 못한 것 같다. 화전은 인구가 많지 않던 과거에는 합리적인 재배법이었다. 조금씩 장소를 옮기면서 화전을 해도 몇 십 년 후 우림이 되살아나면 다시 원래 장소로 되돌아온다. 그런데 지금은 이런 방법이 불가능하다. 이를 베트남의 민둥산이 대변해준다. 그렇다면 완벽한 인공화, 다시 말해 밭으로 용도를 모두 변경해야 바람직할까? 이는 우림의 전면적 혹은 완전한 파괴를 의미한다. '먹고살기 위해서'라는 명목으로 자연을 무참히 파괴할 권리가 과연 우리에게 있을까?

베트남을 가다 2
곤충 마을 사람들

　구엔 빈 음식점 2층에서 머물던 나는 이른 아침부터 자연스레 눈이 떠졌다. 주위는 아직 캄캄한데 떠들썩한 소리 때문에 잠이 깼다. 전날 밤에도 늦게까지 시끄러웠다. 이 가게는 대로변에 있을 뿐만 아니라 술집을 겸하고 있어서 밤늦게까지 술 취한 음성이 들린다. 어쩌면 이렇게 밤마다 소란스러운 게 당연한 일인지 모른다. 취객의 언어는 만국 공통이다. 그래서 "아하, 한잔하셨구나!" 하며 바로 알아들을 수 있다. 혀 꼬부라진 소리는 어느 나라 언어라고 꼬집어 말하기도 어렵다. 굳이 분류하면 '취한 언어'라고 해야 할까?
　다행히 이 술집에는 베트남에서 흔히 볼 수 있는 노래방 반주 기계가 없었다. 베트남에서 만날 수 있는 일본 문화는 가라오케와 '오싱'*이다. 이 두 가지를 모르면 베트남 사람이 아니라고 한다.

다시 음식점 이야기로 돌아와서, 내가 묵었던 음식점은 마을 한복판에 있었다. 음식점 바로 앞에는 버스 정류장이 있다. 공교롭게도 버스는 내가 누워 있는 방 바로 아래에서 정차했다가 "끼이익" 하는 소리를 내며 다시 떠났다. 버스가 서고 다시 발차할 때마다 굉장히 큰 소리가 났다. 게다가 버스 승객이 내리면 그 승객은 코앞에 있는 음식점으로 들어와서 떠들썩하게 말을 건넸다.

왁자지껄 소리가 잠잠해지니 이번에는 음악 소리가 들렸다. "아무리 시골이라고 하지만 이건 좀 심한 거 아냐? 완전 돼지 멱따는 소리잖아!" 하며 밖을 내려다보니 물소 한 마리가 눈에 들어왔다. 물소가 걸음을 옮길 때마다 목에 단 방울이 흔들려 워낭 소리가 일정한 리듬으로 들렸던 것이다.

여러 소리로 뒤엉킨 가운데 표준시간을 알리는 시보가 울렸다. 21세기가 된 시점에도 시계가 충분히 보급되지 않은 걸까? 시보 뒤를 이어서 일본의 라디오 체조 방송과 비슷한 음악이 들렸다. 역시 사회주의 국가다. 그런데 국민 대다수가 논이나 밭에서 하루 종일 육체노동을 하는데 굳이 아침 일찍부터 국민 체조로 '선동' 할 필요가 있을까? 어쩌면 그 음악은 라디오 체조가 아니라 베트남의 국가(國歌)인지도 모른다.

베트남 국가를 모르니 그 진실 여부는 알 수 없었다. 가만히 생각해보

● 오싱 : 일본뿐 아니라 세계 각지에서 인기를 끈 NHK TV 드라마

면 국가란 서양 제국에서 비롯한 습관인 듯하다. 국기는 몰라도 국가는 아시아의 여러 나라들과는 거리가 멀다. 국수주의를 대표하는 상징이 수입품이라는 사실은 참으로 역설적인 이야기다. 어찌 되었든 다채로운 음향과 함께 눈을 떴다.

오늘은 곤충 마을에 가는 날이다. 특히 베트남의 땀다오라는 휴양지가 곤충 마을로 유명하다. 그곳 주민들은 곤충을 잡아서 이를 찾는 고객들에게 판다. 곤충을 구입하는 소비자 중에는 일본인이 많다. 아니 전부 일본 사람인지도 모르겠다.

우리 일행은 구엔 빈의 산골 마을에 있는 곤충 마을을 방문하기로 했다. 마을에 도착하자마자 가이드 겸 기사 아저씨가 "곤충이다, 곤충이다" 하고 소리쳤다. 이 소리를 듣고 삽시간에 사람들이 모여들었다. 아저씨는 곤충 마을에 곤충을 팔러 나온 것이다. 간혹 "내일까지"라며 소리치는 일이 많다고 한다. 이는 내일까지 곤충을 구한다는 의미에서 더 나아가 내일까지 곤충을 갖고 있는 사람을 모집한다는 뜻이다. 저마다 곤충을 잡아서 집에 보관하기 때문이다.

나비를 필두로 장수풍뎅이, 사슴벌레, 하늘소 등은 애호자가 많다. 그렇다 보니 다른 곤충들보다는 잘 팔린다. 곤충 마을 사람들은 이런 종류의 곤충들을 잡으면 임자가 나타날 때까지 잡아둔다. 보존 상태가 좋지 않은 관계로 오래 보관하지는 못한다. 곰팡이가 생기거나 비실비실해진 상태에서 곤충을 만지면 다리나 더듬이가 바로 손상되기 때문이다. 따라서 곤충이 나오는 시기에 사러 가는 것이 제일 좋다.

그렇다면 곤충을 산 사람들은 어떤 용도로 곤충을 쓸까? 대부분의 사람들은 그저 수집을 위해 곤충을 구입한다. 갖고 싶은 곤충은 반드시 손에 넣어야 직성이 풀리는 게 곤충 수집가들의 특성이다. 게다가 '고작' 곤충이라고 해도 직접 채집하기는 결코 쉽지 않다. 학술용이든 관상용이든 이유를 불문하고 곤충이 필요하면 가장 먼저 곤충을 잡아야 하는데, 마음처럼 되지 않는 게 바로 곤충채집이다.

"그까짓 곤충, 마음만 먹으면 잡을 수 있는 거 아닌가요?"

천만의 말씀이다. 자연은 그렇게 호락호락하지 않다. 자연환경에도 조건이 있다. '비가 내린다, 시기가 나쁘다, 장소가 나쁘다'와 같은 사항은 채집하기 어려운 3대 조건에 해당한다. 이 3대 조건을 충족하더라도 채집가의 몸 상태가 좋지 않을 때가 있다. 다리를 삐었다거나 배가 아프거나 열이 나면 채집하기에는 어려움이 따른다. 그러니 채집가의 몸 상태도 자연 조건 가운데 하나라고 볼 수 있다. 따지고 보면 몸도 자연의 일부다.

더욱이 내 나이 정도면 젊은 사람처럼 눈이 잘 보이지 않는다. 뿐만 아니라 신체적인 제약이 많아 행동이 굼뜬다. 그렇기 때문에 진품을 발견해도 놓치기 일쑤다. 생각해보면 놓친 곤충은 아쉬움이 남아서인지 늘 진품으로 보이는 것 같다. 이는 놓친 물고기가 크게 보이는 원리와도 같다.

자신이 찾고 있는 특정한 곤충 그룹이 있다고 가정하자. 이 곤충들을 모두 잡으려고 평생 동안 노력해도 다 잡지 못한다. 더구나 연구용이라면 한 마리만 가지고는 가당치도 않다. 만약 그 한 마리가 단순히 변이, 곧 개체변이라면 어떻게 될까? 그 개체에서만 확인할 수 있는 신기한 특징이 그 종의 일반적인 특징인지 아닌지를 판단하려면 고도의 전문 지식이 필요하다.

물론 전문가도 사람이기 때문에 실수할 때가 많다. 희귀종을 잡고 싶은 바람이 간절할수록 개체변이를 별종으로 오인하는 경우가 많다. 이는 누구나 빠지기 쉬운 심리 상태의 한 가지 양상이다. 그러나 많은 곤충 표본을 보면 이런 오해를 줄일 수 있다. 따라서 실수나 추측을 줄이려면 같은 종류의 표본을 하나라도 많이 모아야 한다.

방대한 표본을 수집하려면 혼자 채집한 곤충으로는 한계가 있다. 특히 외국이라면 현지에 나갈 기회 자체가 흔치 않다. 현지를 찾는 의미는 현지의 환경이 어떤지 파악하기 위해서다. 실제로 현지를 찾아가 곤충채집을 하려면 어떤 곤충이 어떤 장소에 있는지 정도는 파악할 수 있다. 현지에 직접 가보면 알겠지만 표본을 교환하거나 구입하거나 혹은 표본만 입수하는 것과는 분명 이해도가 다르다.

그러나 모든 곤충을 혼자서 잡을 수는 없는 노릇이다. 나는 집 근처 뒷산을 어릴 적부터 샅샅이 헤집고 다녔다. 그런데도 뒷산에 있는 갑충을 모두 파악하는 일은 꿈도 못 꾼다. 집 안으로 날아드는 곤충만 봐도 채집한 적이 없는 새로운 곤충일 때가 많다.

외국의 열대우림이라면 딱정벌레목을 파악하는 일조차 버겁다. 반면 현지인은 외국인보다는 아마추어라도 훨씬 유리하다. 적어도 장소와 시기는 정확히 꿰뚫고 있으니까 말이다. 구체적인 예를 든다면, 곤충은 꽃으로 모이는 습성이 있다. 어떤 꽃이 언제, 어디에서 피는지, 그 꽃에 어떤 곤충이 모이는지와 같은 사항을 알면 곤충의 습성을 쉽게 알 수 있다. 그러나 외국인은 이런 사항들을 세세히 알기가 어렵다. 따라서 토박이 아마추어에게 곤충을 구입하는 일도 나름 의미가 있다.

원시림 곳곳에는 아름다운 꽃이 핀다. 이번 베트남 기행에서는 꽃이 핀 떡갈나무가 자주 눈에 띄었다. 그런데 정작 꽃이 있는 장소에 도착할 수 없었다. 산길은 있지만 어디로 어떻게 올라가야 떡갈나무 꽃을 만날 수 있는지 알 길이 없었다. 고민 끝에 6미터나 되는 긴 장대를 준비해서 끝에 망을 달았다. 이렇게 모든 준비를 했지만 여전히 꽃은 머나먼 곳에 있었다.

어떤 산길로 올라가면 곤충망이 닿는 꽃을 만날 수 있을까? 이 문제에 관한 답도 현지인이 아니면 입수하기 어려운 정보다. 망이 닿는 꽃만 있다면 종류에 따라서는 그 나무 아래에서 하루 종일 기다려도 상관없다. 나무에 올라가서 기다리는 사람도 있다. 왠지 모르게 예감이 좋은 나무를 발견하면 천 마리도 넘는 곤충을 잡을 수도 있다고 한다.

직접 현지로 찾아가서 곤충을 채집하고, 곤충 마을 시장에 등장하는 곤충을 관찰하다 보면 어떤 장소에서 잡은 곤충인지 대충 짐작이 간다.

"시장에 가서 물어보면 간단하잖아요?"

내게 이렇게 말하며 고개를 갸우뚱하는 독자도 있을 것이다. 언어에 자신이 있는 분이라면 직접 시장에 가서 물어보면 된다. 그게 가장 좋은 방법이다. 그러나 나는 아쉽게도 베트남어를 전혀 모른다. 그저 지레짐작으로 감을 잡는 수밖에 없다. 이런 상황에 놓일 때마다 '이래서 언어가 중요하구나' 라는 생각이 들곤 한다.

만약 내가 펄펄 나는 20대였다면 당장 베트남어를 배웠을 것이다. 하지만 지금은 말하는 대로 행동이 따르지 않는다. 간혹 공부를 하고 싶은 열망으로 가득 찰 때가 있지만 그 순간뿐이다. 그 시기가 지나면 또다시 언어 공부에 대한 마음을 접고 만다. 나는 그저 곤충만 잡으면서 살면 좋겠다.

작디작아서 더 사랑한다

    곤충 이야기를 글로 표현하기란 참 어려운 일이다. 여러 가지 이유가 있지만, 가장 큰 문제는 재미났던 지난 시간을 객관화해서 드러내는 순간 재미가 반감되는 경우가 많기 때문이다.

    어린 시절에 가끔 일기를 썼다. 지금도 쓰고 있지만 재미있던 사건을 기억하고 그 재미를 고스란히 유지하는 데 참고가 크게 되는 것 같지는 않다. 정리하면 깜짝 뉴스와 일기는 그다지 친하지 않다. 중요한 사건, 재미난 일들이 있었을 때는 일기를 쓸 시간과 여유가 없다. 바로 이것이 문제의 원천이다. 과거의 일기장을 들춰보면 평범한 일상만 나열돼 있을 뿐이다.

    반면 메모는 일기와 다르다. 그날 있었던 일을 짧게 기록하는 메모를 현대인은 일정표로 대신한다. 무슨 일이 있었는지 간략히 적어두면 되기 때문에 한두 단어를 힌트 삼아 기억을 떠올리면 된다. 이따금 기억에 문제가 생기면 곤란한 상황에 놓이기도 한다. 메모를 통해 더 이상 기억을 불러올 수 없다면 이는 인생을 마감해야 할 시간이 가까워졌음을 알리는 것으로 봐야 하지 않을까 싶다.

나는 곤충과 관련한 일이라면 누구보다 또렷하게 기억한다. 어디에서 어떤 곤충을 보았는지 귀신같이 기억한다. 간혹 내 시선을 끌지 못하는 곤충도 있다. 채집할 때는 시시한 곤충이라고 생각했는데 훗날 조사해보니 그 곤충이 진품인 적도 없지 않다. 이럴 때면 어디에서 어떻게 잡았는지 사람들이 물어봐도 대답을 할 수가 없다. 스스로 안타까운 마음에 머리만 긁적댈 뿐이다.

내가 수집하는 곤충은 굉장히 작다. 곤충 가운데 장수풍뎅이나 사슴벌레는 덩치가 큰 녀석들이다. 사슴벌레라면 최대치 8센티미터를 1밀리미터 초과할 때마다 몇 만 또는 몇 십만, 심지어 몇 백만 엔에 팔렸다며 거짓말 같은 풍문이 들려온다. 내 표본 상자에는 이렇게 큰 녀석들은 처음부터 발도 못 붙인다.

우리 집 표본 상자에 들어가는 곤충은 대개 1센티미터가 채 되지 않는 작은 곤충들로 '에계계' 곤충("에계계 이렇게 작아" 하고 상대방이 저자에게 말하는 느낌을 독자에게 전달하려는 뜻으로 만든 말)이다. 가장 작은 곤충은 1밀리미터를 밑돈다. 이쯤 되면 눈으로 식별하기도 쉽지 않은 일이다. 일명 '티끌 벌레'라고 부르는 곤충도 포함되어 있으니 얼마나 작은지 알 수 있을 것이다. 이렇게 작으니 눈으로 봐서는 어떤 종류의 곤충인지 정확히 알 수가 없다. 곤충에 익숙한 나는 작은 곤충을 봐도 어떤 부류의 곤충인지 '대충' 알아맞힌다. 상세한 사항들은 잘 모르지만 말이다. 그런데 곤충을 싫어하는 사람들에게 보여주면 곤충표본도 곤충으로 보이지 않는 것 같다. 보자마자 "먼지 아니에요?"라고 반문하며 나를 쳐다본다.

그렇다면 눈에 잘 보이지도 않는 곤충을 어떻게 표본으로 만들까? 이렇게 작은 녀석들은 곤충표본을 만들 때 사용하는 곤충 침으로는 고정할 수 없다. 따라서 삼각형으로 자른 종이의 뾰족한 끝부분에 작은 곤충을 붙인 뒤에 그 종이에 침을 찔러 고정한다.

유럽인들은 종종 사각 종이에 곤충을 붙인다. 네모나게 자른 종이에 다리를 펴서 곤충을 붙이면 깨끗할뿐더러 다리나 더듬이에도 상처를 내지 않는 특징이 있다. 하지만 안쪽 배를 볼 수 없는 단점이 있다. 연구에 따라 배가 있는 쪽을 보고 싶을 때는 종이에 붙은 풀을 살살 벗겨내야 한다. 상황이 이렇다 보니 곤충을 붙이는 네모꼴 종이에 처음부터 펀치로 구멍을 내는 사람도 종종 있다. 펀치 구멍에 맞추어 곤충을 붙이면 곤충의 배를 볼 수 있으니까 말이다.

곤충의 배를 보기 위해 내가 쓰는 방식은 좀 다른데, 세모꼴 종이의 끝부분을 살짝 구부린 다음 그 자리에 곤충의 옆면을 붙인다. 이렇게 정교한 작업을 거치면 뒤를 뒤집어봤을 때 곤충의 배를 구경할 수 있다. 이때 곤충은 몸 자체가 공중에 붕 떠 있는 것 같아서 살짝만 부딪쳐도 허공 속으로 사라져버린다. 곤충의 몸은 워낙 작기 때문에 "후" 불면 바로 날아가거나 산산조각이 난다. 이쯤 되면 눈물이 날 정도로 마음이 아프다. 눈에 잘 보이지도 않는 작은 곤충이 뭐가 좋으냐며 의아해하는 이도 개중에는 있을 것이다. 나도 갑자기 곤충이 사라졌을 때 별로 대수롭지 않게 생각하고 싶다. 그러나 그게 잘되지 않는다. 이 작은 생명체에 퍼부은 사랑이 이루 말할 수 없을 만큼 크기 때문이다.

채집 단계를 시작으로 집에 가지고 와 병에서 꺼내는 것이 1차 작업이다. 그 다음 현미경 아래에서 곤충의 다리를 펴고 모양을 가지런하게 만들어준다. 작은 곤충이라도 이렇게 애지중지 여긴다. 곤충을 잘 말려서 모양이 부서지지 않을 즈음 삼각형 지지 종이에 붙인 다음 라벨을 붙인다. 라벨에는 채집 장소, 해발고도, 채집 연월일, 채집자 등 최소한의 기록 사항을 적어둔다. 이렇게 공을 들이다 보니 곤충이 아무리 작아도 놓치고 싶지 않다.

곤충이 작을수록 손이 더 많이 간다. 애초부터 야외에서 잡은 직후 곧바로 독 병에 넣을 때가 많다. 그런데 한 병에 종류가 다른 곤충을 같이 넣다 보면 티끌 같은 곤충들은 쥐도 새도 모르게 사라질 때가 있다. 사실 물질 불멸의 법칙에 따라 제아무리 작은 곤충이라도 사라질 리가 없다. 하지만 워낙 작아 다른 곤충의 다리와 몸통 사이에 끼여 있기라도 하면 미처 못 볼 수가 있다. 혹은 병에서 곤충을 꺼내는 과정에서 행방불명될 수도 있다. 몸집이 큰 곤충이라면 바닥에 떨어지는 순간 소리가 난다. 그러나 벼룩처럼 작은 곤충은 바닥에 떨어져도 사뿐히 뛰어내려 착지하는 수준밖에 되지 않는다. 그렇기 때문에 소리가 나도 들리지 않는다. 그러니 작은 곤충은 미아가 되기 십상이다.

"그럼 처음부터 작은 병에 구분해서 넣으면 되잖아요?"

이 또한 틀린 말이 아니다. 이상적인 방안이라고 생각한다. 그러나 야외 작업을 해본 사람이라면 충분히 이해할 수 있을 것이다. 작업용 짐은 적을수록 편하다. 특히 곤충은 몇 십 마리가 우두두 떨어지는데 이를 종류별로 골라 담을 시간이 없다. 사정이 이렇다 보니 차츰차츰 자신의 전문 곤충이 정해진다. 잡는 곤충의 종류를 제한하면 바쁘지 않을 테니까 말이다. 다시 말해 욕심만 줄이면 만사형통인 셈이다.

가령 나뭇잎을 흔들어서 곤충을 잡았다고 가정해보자. 한꺼번에 열 마리의 곤충이 망에 잡혔다고 해도 그중 딱 한 마리만 자신이 수집하는 곤충이라면 판이 커지지는 않을 것이다. 그런데 나는 이렇게 잘하지 못한다. 이유는 딱 하나다. 그놈의 욕심 때문이다. 그래서 곤충채집에만 나서면 무조건 잡게 된다. 이렇게 물불을 가리지 않고 덤벼들다 보면 어느새 작은 곤충이 수북이 쌓인다. 확실히 큰 곤충보다는 작은 곤충의 수가 더 많다.

작은 곤충을 쉽게 접할 수 있는 것은 당연한데도 따지고 보면 그렇지도 않다. 포유류 가운데 어떤 종은 작은 생물이 큰 생물보다 훨씬 희귀한 존재로 취급되기도 한다. 오랫동안 홋카이도에서 주둥이가 뾰족하게 생긴 땃쥣과를 채집한 적이 있었다. 몸무게 20그램인 긴발톱첨서가 땃쥣과 무리 중 흔히 볼 수 있는 종이다. 이보다 더 가벼운 5그램 정도의 쇠뒤쥐는 깊은 산속으로 들어가야 구경할 수 있다. 더욱이 몸무게 2그램의 꼬마뒤쥐는 세상에서 가장 작은 포유류로, 발견 자체가 뉴스감이다.

이렇게 쓰면서도 "내가 지금 무슨 말을 하고 있나?" 하며 멈칫거리게 된다. 무엇보다 이런 이야기가 통할 리 없는 걸 잘 알기 때문이다. 그래서 무엇을 말하고 싶은가? 동물 분류군의 공통점일 테지만 해당 개체 군(群)에서 통하는 적당한 크기가 있는 것 같다. 포유류 가운데 위에서 예로 든 땃쥐과는 특별히 작은 종에 속한다. 일반적인 포유류와 견주면 땃쥐과 동물들은 확실히 작다. 그런데 곤충이라면 어떨까?

앞서 소개한 장수풍뎅이는 다른 곤충들과 견주어 예외적으로 아주 큰 곤충에 속한다. 내가 수집하는 곤충들은 대부분 10밀리미터 정도로 보통 크기다. 그렇다고 해서 내가 유별나게 작은 곤충만 고집하는 것은 아니다. 나는 지극히 평범한 녀석들만 수집한다. 하지만 이 녀석들의 몸집이 유난히 작아서 내가 작은 곤충만 고집하는 것처럼 보일 뿐이다.

어제도 수마트라의 곤충을 정리하다가 멋진 턱을 가진 밑빠진벌렛과의 사촌들을 발견했다. 이 곤충들을 확대해보면 사슴벌레와 비슷하다. 하지만 이름에서 상상할 수 있듯이 실물은 진짜 자그마하다. 몸길이는 2~5밀리미터로 '겨자씨'라는 단어가 절로 떠오를 만큼 작디작은 곤충이다.

몸집이 크면 백화점에서 잘 팔릴 것이다. 물론 사람들의 이목을 끌지 못하는 게 곤충 자신을 위하는 확실한 길임에 틀림없다. 그도 그럴 것이 왜소한 체구 덕분에 나한테 붙잡히는 선에서 그나마 끝날 테니까.

아프리카를 가다 1
낯선 땅에서 본 익숙한 곤충들

방송국에서 8월에 아프리카 취재를 가는 데 함께 가자고 제안해왔다.● 나는 두 가지 이유에서 아프리카에 가는 데 동의했다. 첫째로 대학이 여름방학 중이라 평소보다 시간 여유가 있었다. 둘째로 살아생전 아프리카 땅을 밟아본 적이 없었다. 그리고 언젠가 한번 기회가 된다면 아프리카에 꼭 가보고 싶었다. 그렇다고 스스로 아프리카 여행을 계획할 만큼 뜨거운 열정이 있었던 것은 아니다. 하지만 이번에는 한상 가득 차려진 밥상에 앉아 수저만 들면 되는 상황이었기에 쉽게 동참할 수 있었다.

● 이 글은 2000년 11월에 쓰였다.

하지만 아프리카에 가서 곤충을 죽기 살기로 채집할 마음은 없었다. 앞서도 말했듯이 아시아 곤충이라면 일본 분담이지만 아프리카 곤충은 유럽 분담이기 때문이다. 그렇기 때문에 내가 이러쿵저러쿵 참견하는 게 아무런 의미가 없었다. 더욱이 거대한 아프리카의 밀림을 파고들기에는 내게 주어진 시간이 그리 많지 않았다.

나는 방송국 취재기자에게 아프리카에 가서 무엇을 취재할 것이냐고 물었다. 그러자 그는 동물 취재차 아프리카에 간다고 대답했다. 그 대답을 듣는 순간 조금은 자신감이 솟았다. 동물에 대한 약간의 기초 지식이 있었기 때문이다. 바위너구리가 너구리의 사촌이 아니라 코끼리에 더 가깝다는 기본 지식은 갖추고 있으니 동물 취재에 따라가도 애물단지로 전락하지는 않을 듯했다. 아프리카에 가기로 굳게 결심을 한 나는 8월 1일, 아프리카로 떠났다.

아프리카는 참으로 멀고 먼 대륙이었다. 일본에서 아프리카를 가려면 비행기를 몇 차례나 갈아타야 했다. 가는 방법은 다양하지만 나는 주최 측의 안내에 따라 이동했다. 우선 싱가포르에 도착해서 다시 두바이로 이동했다. 다시 두바이에서 환승해 나이로비에 도착했더니 이번에는 경비행기로 갈아타라고 했다. 그래서 도착한 곳이 우리의 최초 목적지인 케냐의 마사이마라(Masai Mara) 국립공원 입구다. 그곳에는 우리가 머물 키치와 템보(Kichwa Tembo) 야영지가 있었다. 그렇게 나리타 공항을 출발한 뒤 꼬박 하루 반나절 동안 비행기를 네 번이나 갈아타야 했다.

돌아오는 길에는 케냐의 투르카나(Turkana) 호수에서 나리타로 왔는데 자그마치 닷새나 걸렸다. 아프리카 내륙을 이동하는 데 차로 이틀 반이 걸렸고 나머지는 비행기로 이동했다. 비행기를 갈아타다 보면 공항에서 대기하는 시간이 길어진다. 게다가 누구나 다 아는 사실일 테지만, 날짜변경선 서쪽에서 동쪽으로 날아가면 시간상 손해를 보는 셈이다. 갈 때 그만큼 이익을 보았으니 가고 오는 시간을 합하면 손해도 이익도 아니지만 말이다.

마사이마라는 '마사이족의 반점'이라는 뜻이다. 건조한 초원으로 불리는 사바나에는 아카시아, 유포르비아*가 도처에 널려 있다. 멀리서 보면 식물들이 얼룩처럼 보이기 때문에 마사이마라라는 이름을 붙인 듯하다. 이 평원은 아프리카 대지구대의 바닥에 해당한다.

지질학적 관점에서 보면 대지구대에서는 아프리카 대륙이 갈라지고 있다고 한다. 아프리카 대륙은 세로로 균열하고 있는데(현재도 균열은 지속되고 있다), 오래전에 아라비아반도가 아프리카에서 분리된 것도 그와 같은 균열 때문이다. 아프리카 지구대는 머지않아 양쪽으로 갈라져 이곳은 바다가 될 것이다. 투르카나 호수나 빅토리아(Victoria) 호수도 지구대의 바닥을 이루고 있다.

마사이마라는 탄자니아의 세렝게티(Serengeti) 대평원으로 이어진다. 케냐와 탄자니아가 나뉜 것은 순전히 인위적인 이유 때문이지 자연적인 경계는 아니다. 과거 케냐는 영국의 식민지였고 탄자니아는 독일의 식민지였다. 양국의 국경선이 직선인 이유도 인위적인 국경이라는 사실을 뒷받침하

● 유포르비아(Euphorbia) : 배수가 잘되는 양지 바른 곳에서 자라는 쌍떡잎식물

는 증거다.

한편 킬리만자로(Kilimanjaro)에서는 국경이 곡선을 이루는데, 이는 영국 여왕이 독일 황제에게 킬리만자로를 선물했기 때문이다. 독립 이후에도 국경은 변함이 없다. 솔직히 나는 이러한 상황을 이해하기가 어렵다. 양국 모두 국가를 재건하기 바빠서 나뉜 국경선에 대해 생각할 여유가 없었을지도 모른다. 긍정적으로 생각하면 여유가 넘친다고 해야 할까? 아니면 세세한 부분에 집착하지 않는다고 봐야 할까? 여하튼 이런 상황들이 내게는 좀처럼 이해가 되지 않는 건 사실이다.

아프리카는 드넓은 곳이다. 마사이마라 평원에 서면 하늘이 끝없이 펼쳐진다. 일본에는 이렇게 넓은 하늘이 없다. 이뿐만이 아니다. '코끼리 머리'라는 뜻을 지닌 키치와 템보 입구에는 코끼리 머리가 놓여 있다. 야영지는 일종의 산장이다. 그런데 우리가 흔히 생각하는 오두막이 아닌 텐트가 쳐져 있는 게 특징이다. 텐트 안에는 샤워 시설과 화장실이 있어서 숙소로는 전혀 문제가 없었다.

식당은 목조로 된 대형 건물이다. 창문틀만 있을 뿐 유리가 없어서 외부와 그대로 통했다. 아침 식사 시간에 내 맞은편 자리에 앉아 있던 감독이 먼저 식사를 마치고 자리에서 일어났다. 그 순간 창문을 통해 원숭이가 뛰어들어 와서 감독이 남긴 빵을 눈 깜짝할 사이에 낚아챘다. 유럽 호텔에서는 식당에 작은 새가 방문하는 것이 보통인데 이곳 아프리카에서는 신기하게도 원숭이가 방문한다.

텐트 지붕에서 원숭이 배설물이 떨어지는 소리를 들은 적도 있다. 원숭이는 가끔 우리를 관찰하러 오는 것 같았다. 나도 원숭이를 관찰하다 종종 눈이 마주쳤다. 아내가 크림이 들어간 비스킷을 주자 나뭇가지에 문질러 크림을 제거하고는 비스킷만 날름 먹었다.

야영지 주위에는 머리에 큰사마귀같이 생긴 혹이 달린 혹멧돼지 무리가 돌아다녔다. 가느다란 꼬리를 세워서 걷는 모습이 무척 귀여웠다. 아마도 혹멧돼지 무리들은 야영지촌 지리를 훤히 꿰뚫고 있어서 이곳에 안착할 수 있었던 것 같았다. 야영지를 벗어난 곳에는 사자나 치타, 하이에나 같은 맹수들이 도사리고 있었다. 인간 역시 야영지를 벗어나면 위험하기는 매한가지다. 우리가 머문 텐트는 외진 곳에 있었는데, 텐트 바로 앞에 세워져 있는 '여기서부터는 가이드 동행 없이 출입을 금함!' 이라는 표지판만으로도 위험도를 예측할 수 있었다. 이곳에 머무르는 동안 한밤중에 야영지로 돌아온 적이 있는데 야영지 앞 도로를 코끼리 떼가 완전히 점령하고 있어 길을 지나다닐 수 없었다.

야영지는 초원 한가운데 덤불 속에 있었다. 비교적 키가 큰 나무가 촘촘히 자라나고 있었는데 이는 덤불 속 어딘가에 물이 있다는 증거였다. 실제 야영지를 따라 개천이 흐르고 있었다. 곤충을 찾아보았더니 내 예감대로 곤충이 있었다. 나뭇잎을 막대기로 흔들자 반가운 곤충들이 망으로 떨어졌다.

일본에서는 건조한 환경일 때 곤충을 채집하기 어렵다. 하지만 아프리카, 그것도 사바나에서는 환경을 논하는 것 자체가 사치다. 곤충채집을 위해 아프리카를 방문한 것은 아니었기 때문에 곤충에 집착하지는 않았다.

그래도 다양한 갑충이 이곳 덤불에 서식한다는 사실은 반가웠다.

"그럼 혹시 진기한 곤충을 잡았나요?"

이쯤 되면 이런 질문이 나올 법하다. 그러나 이는 '진기하다'는 의미를 어떻게 생각하느냐에 따라 대답이 달라진다. 결론부터 말하면 몇 차례나 비행기를 갈아타면서 어렵게 찾아온 수고에 비하면 이곳의 곤충이 그다지 신기하지 않았다. 눈에 익숙한 작은 곤충뿐이었기 때문이다. 이는 그 곤충이 속하는 '과(科)'가 일본의 곤충과 비슷하다는 뜻이다.

그 밖에도 아프리카의 곤충과 일본의 곤충은 비슷한 점이 많았다. 딱정벌레목에는 100개가 넘는 과가 있다. 그중 종수가 많은 큰 과도 있지만 과 하나에 전 세계를 통틀어 몇 종 되지 않는 작은 과도 있다. 따라서 어떤 땅에서도 무작위로 딱정벌레목에 속하는 곤충을 잡으면 종수로 나타나는 과의 비율이 나온다. 바로 이 비율이 일본과 큰 차이가 없었다. 일본에서 종수가 많은 과는 아프리카에서도 마찬가지로 큰 과에 속했다. 그런 의미에서 개체를 몇 백 개 모아보면 아프리카 곤충과 일본 곤충의 상관관계를 가늠할 수 있었다.

서식지를 비교해봤을 때 호주는 일본과 차이가 많이 난다. 집 정원에 있는 곤충만 보더라도 신기한 곤충이 아주 많다. 예를 들어 호주의 개미붙잇과 곤충들은 꽃에 많이 붙어 있다. 일본에서는 그런 경우가 거의 없으니 호주에 갔을 때는 이국에 왔다는 실감이 들었다. 반대로 케냐에 와서 곤충을 봤을 때는 일본의 곤충과 흡사하다는 인상을 받았다. 곤충을 처음 본 날 이후에도 곤충을 잡았지만 첫인상이 쉽게 바뀌지 않았다. 어쩌면 당연할지도 모른다. 인간도 그러하지만 모든 종은 아프리카에서 전 세계로 퍼져나갔기 때문이다.

대부분의 곤충이 그러하다면 일본 곤충이 아프리카 곤충을 닮은 것이지 아프리카 곤충이 일본 곤충을 닮은 것은 아닌 듯하다. 그렇다면 아프리카의 곤충이 신기하지 않아도 괜찮다는 생각이 들었다. 아프리카에서 씩씩하게 생활하던 일행이 신천지를 찾아 마침내 일본까지 날아왔다고 생각하면 되니까 말이다. 그게 정답이 아닐까 싶다.

아프리카를 가다 2
마사이 운전사 제임스

　동이 트자 야영지에서 사륜구동차가 하나둘씩 빠져나갔다. 삼삼오오 짝을 지은 관광객들이 동물을 구경하러 초원 나들이에 나선 것이다. 방송 촬영이긴 했으나 여느 관광과 다르지 않았다. 카메라맨이 다양한 포즈를 주문하는 것만 뺀다면 말이다. 우리도 다른 일행과 마찬가지로 아침이면 설레는 마음을 안고 신발 끈을 동여맸다.
　이런 사파리용 차는 천장이 뻥 뚫려 있다. 열린 덮개로 몸을 내밀고 경치를 구경하면 드넓은 초원이 한눈에 들어온다. 단, 쌩쌩 달리는 속도만큼 불어닥치는 바람은 감수해야 한다. 나는 바람을 맞으면 쉽게 피로해진다는 이유로 고개를 창밖으로 내밀지 않았다. 하지만 마사이마라 초원에서는 바람을 피하고 싶어도 피할 수 없다. 아무리 주위를 둘러봐도 바람막이가 되어줄 만한 곳이 단 한 군데도 없으니까 말이다. 덕분에 저녁 때 숙소로 돌아오면 피로에 찌든 나머지 쓰러지기 일보 직전이 되었다.

바람을 맞으면 체력이 바닥난다. 체력이 바닥나면 자연히 먹는 데 손이 가기 마련이다. 많이 먹으면 배탈이 난다. 나흘째 되던 날 나는 속에 있는 것을 모두 게워내야만 했다. 특별한 음식을 먹어서 탈이 난 게 아니라 너무 많이 먹어서 밥통이 화가 난 것이다.

건강한 사람이건 말기 암 환자이건 체력은 건강 상태와 밀접한 관련이 있다. 다시 말해 인간은 신체 가운데 특정 부위만 쓰면서 살 수 없다는 말이다. 칼로리를 소모하면 이를 보충하기 위해 위에도 부담이 가기 마련이다. 피로가 근육에만 영향을 미치는 것은 아니다. 말기 암 환자도 마찬가지 일을 겪는다. 최초의 병터에서 시작된 암세포는 발병한 부위뿐만 아니라 몸속 여러 장기들까지 제 기능을 하지 못하게 만든다. 이런 악순환이 환자를 죽음으로 몰고 간다. 최근에는 이런 현상을 '다발성 장기 부전'이라고 말한다.

이곳 사파리 여행에서는 운전기사가 가이드 역할도 겸한다. 우리 팀에는 기사 이외에 일본어 통역을 도와주는 이가 있었다. 그는 일본의 대학에서 일본어를 공부했다고 했다. 이름은 조지라며 자신을 소개했다.

"대학 다닐 때 제가 좀 유명했어요. 자전거를 타고 길을 갈 때면 마주치는 사람들과 연신 손을 흔들며 인사하느라 수도 없이 넘어졌죠. 제가 슬롯머신을 하면 그다음 날 소문이 쫙 나요. 암튼 저한테 관심이 무지 많았던 것 같아요."

조지는 키쿠유족이다. 키쿠유족은 나이로비에서 근무하는 직장인들 중에서도 엘리트 집단에 속한다. 그렇다고 다른 부족이 못하다는 얘기는 아니다. 키쿠유족이 도시 생활에 유독 잘 적응하고 있다는 뜻이다.

조지가 한 말에 따르면 키쿠유족인지 아닌지는 귓가에 동전 소리를 들려주면 바로 알 수 있다. 예를 들어, 길가에 한 사람이 쓰러져 있다고 치자. 그 사람에게 동전 소리를 들려주었을 때 벌떡 일어나면 그 사람은 키쿠유족이다. 진짜 키쿠유족임에도 동전 소리를 듣고 일어나지 않는다면 죽은 것이 틀림없으므로 장례식을 치러야 한다는 말도 있다.

반면 운전기사인 제임스는 마사이족이다. 제임스는 마사이마라에서 가장 훌륭한 가이드다. 그와 함께 다니는 동안 이 말이 과장된 풍문이 아님을 깨달았다. 제임스는 동물에 관한 한 아주 세세한 것까지 잘 알고 있었다.

어느 날엔가는 하루 종일 표범을 쫓아다녔다. 이 표범은 사냥한 톰슨가젤(Thomson's gazelle, 작은 영양)을 나뭇가지에 매달아놓고 나무 위에서 만찬을 즐기다가 잠이 들곤 했다.

"어미 표범이라 밤이 되면 분명 새끼를 만나러 내려올 겁니다."

제임스는 자세히 설명을 해주었다. 우리는 그의 말대로 저녁이 되기를 기다렸다. 그런데 정말 날이 저물자 나무에서 어미 표범이 내려와 어슬렁어슬렁 걷기 시작했다. 우리는 어미 표범 뒤를 가만가만 차로 쫓아갔다. 번듯한 도로가 아닌 탓에 덤불과 바위로 뒤덮인 장소를 요리조리 피하면서 몰래 쫓아갔다. 이런 긴박한 상황에서는 표범보다 앞서 가서 기다리지 않으면 놓치기 십상이다.

제임스는 칠흑 같은 어둠을 뚫고 표범을 앞지르면서 몇 시간 동안이나 목표물을 쫓았다. 가장 짜릿했던 순간은 울창한 덤불 속으로 표범이 몸을 감추었을 때였다. 제임스는 덤불 반대편으로 차를 돌려서 여기가 틀림없다며 진을 치고 기다렸다. 얼마나 기다렸을까. 정확한 시간을 재지 않아서 잘은 모르지만 잠시 후 표범이 등장했다. 마사이마라의 대초원이 마치 제임스의 손바닥 안에 있는 듯했다.

"어, 사자가 저기 있네요!"

제임스의 목소리에 모두들 고개를 돌렸다.

"어, 어디? 어디? 안 보이는데요?"

내가 다급하게 묻자 감독이 한마디 거들었다.

"자세히 보면 저 작은 덤불 그늘에 꼬리가 삐쭉 나와 있어요."

제임스처럼 동물을 잘 아는 사람을 일본에서 만나기는 점점 힘들어지고 있다. 일본인 중에도 제임스 같은 사람이 있기는 있다. 그런 사실을 아주 간만에 일깨워준 이가 올림픽 여자 마라톤에서 금메달을 딴 다카하시 나오코(高橋尚子) 선수다. 이 말에 '다카하시 선수와 마사이족이 도대체 무슨 관계가 있단 말인가?' 하고 분명 의아해하는 사람들이 있을 것이다.

다카하시 선수는 달리기 자체를 정말 좋아한다고 말했다. 바로 그거다. 여느 사람들이라면 쓰디쓴 노력 끝에 간신히 이루는 성과를 그는 고통이 아닌 기쁨으로 일궈냈다. 이 모든 기적은 자신이 좋아하는 일을 즐길 수 있기 때문에 가능했다.

제임스와 동물의 유대감 역시 이와 흡사하다. 그는 동물을 보고 느끼는 감을 본디 타고난 것 같았다. 마사이족은 원래 유목민이니까 '동물을 보고, 진단하고, 꿰뚫는' 유전자가 제임스에게도 녹아들었는지 모르겠다.

그런 제임스도 두 가지 동물에는 약점을 보였다. 하나는 비단뱀이었다. 어느 날 아침, 커다란 비단뱀이 도로를 가로질러 기어가고 있었다. 이 장면을 놓치지 않으려고 카메라맨은 곧바로 카메라를 들었다. 그런데 순간 비단뱀은 작은 덩굴로 숨어버렸다. 덩굴에서 빼내려고 나뭇조각을 던져보았지만 꿈쩍도 하지 않았다. 몇 십 분 동안 비단뱀과 실랑이를 벌인 후 알게 된 사실은 비단뱀이 구멍으로 홀연히 사라졌다는 것이었다. 제임스도 비단뱀보다는 한 수 아래인 듯싶었다. 겨냥하는 위치에 나뭇조각을 정확히 조준한 행동은 달인의 경지에 이른 게 분명했지만 말이다.

제임스의 발목을 잡은 또 하나의 동물은 진드기였다. 통역하는 조지가 차 안에서 근사한 곤충을 손바닥에 올려놓고 "선생님, 이 벌레는 무슨 벌레입니까?" 하고 물었다.

"아, 그건 진드기예요."

진드기라도 정말 아름다운 진드기였다. 그런데 그 진드기가 "윙" 하면서 운전하고 있던 제임스의 바지 위로 떨어지는 게 아닌가. 그러자 평소 일체의 미동도 없이 위엄을 갖추던 제임스가 바지 위의 진드기를 털어내기 위해 필사적으로 몸부림을 치기 시작했다. 그때 그 자리에 있었던 일행은 제임스의 허둥대는 모습을 지금도 또렷하게 기억하고 있다. 어쩌면 누 (gnu) 같이 커다란 동물에 붙어사는 진드기가 아니었을까 싶다.

마사이마라에서 가장 흔한 동물을 꼽는다면 단연 누일 것이다. '누'는 마사이 말인 것 같다. 영어로는 '윌더비스트(Wildebeest)'라고 한다. 제임스는 아이들을 영국으로 모두 유학 보내서 그런지 영어로 설명할 때 '누'라고 말하지 않았다. 윌더비스트라는 발음이 내 귓가에 또렷하게 들렸다. 그래서 처음에는 다른 동물이라고 생각했다. 소의 친척뻘쯤 되나 했는데 자세히 보니 생김새가 말을 많이 닮은 것이 영락없이 영양이었다.

초원에서 한가로이 서 있는 동물이 있다면 누일 가능성이 가장 높다. 그 다음으로 흔한 동물을 꼽자면 얼룩말과 기린, 코끼리 순이다. 기린과 코끼리는 덩치가 크고 키가 커서 그 수가 많지 않아도 눈에 확 띈다. 그 다음으로는 버펄로, 가젤 떼가 눈에 들어온다.

사자, 치타, 표범 등의 육식동물은 먹이가 되는 동물에 비하면 좀처럼 얼굴을 보기가 어렵다. 이들은 보통 때는 아무 일도 하지 않고 그저 잠만 잔다. 그러다가 아주 가끔 사냥감을 찾거나 먹이를 포식하는 광경을 볼 수 있는데, 야수가 등장하면 초원을 달리던 모든 사파리 차량이 벌 떼처럼 모여든다. 하지만 야수는 어수선한 주위 사람들의 시선에도 아랑곳하지 않고 맛있게 식사를 즐긴다. 야수들의 표정에서 대인배의 느긋함이 읽힌다.

"뭘 봐, 이 사람아. 밥 먹는 거 처음 보나?"

아프리카를 가다 3
과연 마다가스카르답다

마사이마라 취재의 주제는 '아프리카 대지구대를 찾아서'였다. 다음 취재 장소는 나의 바람도 곁들여져서 마다가스카르(Madagascar)로 정했다. 이 섬은 대지구대와는 관련이 없지만 생물 하나하나가 흥미를 끌었다.

이곳은 서식하는 동식물의 90퍼센트 이상이 고유 생물 종(種)으로 이루어진 독특한 섬 대륙이다. 이는 일본과는 사뭇 다른 상황으로, 바로 그 점이 내 흥미를 끌었다. 일본의 곤충을 예로 들면 여러 요소가 서로 얽키설키 뒤얽혀 있다. 이들 요소 중 가장 두드러진 것을 꼽는다면 유라시아 대륙에 퍼져 있는 모둠에서 파생한 생물, 즉 구북구(舊北區)* 계통의 요소다. 이 모둠 가운데 특히 옌하이저우(沿海州) 지역의 생물과 공통점이 많다. 실제 옌

하이저우의 중심 도시인 블라디보스토크(Vladivostok) 일대의 곤충과 일본 곤충은 공통점이 많다.

또 다른 요소는 남쪽 곤충으로 불리는 동양구(東洋區)® 계통의 요소다. 아마미오(奄美大) 섬에서 오키나와에 이르는 지역이 동양구에 해당하는데 이 주변의 동물과 곤충은 양쯔 강 남안에서 윈난(雲南), 베트남에 이르는 지역의 동물, 곤충과 공통점이 있다. 더욱이 이 주변의 동물과 곤충은 일본 본토까지 꽤 광범위하게 펼쳐져 있다. 오키나와에서 곤충채집을 해보면 베트남의 곤충과 매우 비슷한 느낌이 든다. 지질학적으로 보면 오키나와는 옛 양쯔 강 하구에 있던 산이었으니 공통 생물이 많은 것은 당연한 일이다. 동중국해가 생기면서 오키나와가 고립되었을 뿐이다.

메이지 시대 초기, 일본에 와서 갑충을 채집한 영국인 루이스는 첫 방문 때 나가사키에서 도쿄로 향했다. 때문에 그는 일본의 곤충이 동양구 계통, 곧 후자라고 생각했다. 그러나 두 번째 방문했을 때는 일본 북단까지 올라간 결과 구북구 계통이라고 수정했다.

구북구와 동양구 계통 외에도 북미 지역의 곤충과도 공통 요소를 찾을 수 있다. 요컨대 세분화하면 일본 곤충에는 다양한 요소가 서로 복잡하게 얽혀 있음을 쉽게 알 수 있다. 이와 달리 마다가스카르는 매우 단조롭지만 고유의 생물 종을 자랑한다. 이러한 특징이 나타나는 까닭은 지질시대 초

● 구북구(舊北區) : 동물지리구의 한 구역으로 중국 남부와 인도를 제외한 아시아, 유럽, 아프리카 북부 지역
● 동양구(東洋區) : 동물지리구의 하나로 히말라야 이남의 인도, 스리랑카, 미얀마, 태국, 인도차이나, 말레이시아, 수마트라, 자바, 보르네오, 필리핀, 중국 남부, 대만, 오키나와를 포함하는 지역

기부터 섬으로 분리되어 있었기 때문으로 보인다.

포유류의 경우 영장류와 식충류(食蟲類)가 주를 이루는데 원숭이라 해도 우리가 아는 원숭이가 아니라 여우원숭잇과에 속하는 원숭이다. 또 몸집이 자그마한 쥐여우원숭이라는 녀석도 있다. 내가 만약 쥐여우원숭이라면 사람들에게 볼멘소리로 이렇게 말할 것이다.

"제 이름 좀 확실하게 불러주세요!"

내가 이렇게 말하는 데는 다 이유가 있다. 쥐여우원숭이는 이름에서도 드러나지만 쥐도 여우도 아닌 생김새를 하고 있다. 즉 원숭이답지 않게 생긴 원숭이라는 뜻이다.

다른 포유류 또한 마다가스카르로 건너올 기회가 없었다. 다만 박쥐는 예외인데 이는 호주도 마찬가지다. 하늘을 날아다니는 박쥐는 분명 긴 세월 동안 마다가스카르로 이동해왔을 것이다. 쥐의 사촌뻘 되는 작은 설치류 역시 마다가스카르 곳곳에서 만날 수 있다. 이들 동물은 물에 떠가는 나무 등을 타고 바다를 건너왔을 것이다. 이 사실을 통해서도 알 수 있지만 몸집이 큰 포유류는 장거리 이주가 불가능하다. 무엇보다 이동 도중에 먹잇감을 구하기란 쉽지 않을 테니까 말이다.

바다를 건너올 수 없는 동물이 고립된 섬에 여전히 살고 있는 사실은 섬이 되기 이전부터 마다가스카르에서 살고 있었다는 증거가 된다. 동물들은 태초에는 조상이 같았다. 그러나 진화가 거듭되면서 각기 다른 모습으로 종이 갈라졌다. 그런 의미에서 마다가스카르에는 고유종이 많다. 이른바 진화의 실험실인 셈이다.

바로 그 마다가스카르에서 기행(奇行)이 시작되었다. 우리 일행은 케냐 나이로비 공항에서 마다가스카르 항공을 이용해 수도인 안타나나리보(Antananarivo)에 가기로 했다. 오후 5시가 조금 넘어 출발할 예정인 비행기를 타기 위해 나이로비 공항에 도착한 시각은 오후 3시였다. 그런데 5시가 가까워도 출발 안내 방송이 나오지 않았다.

답답한 마음에 공항 카운터에 수시로 출몰하는 여직원에게 사정을 물었다. 여직원은 아직 비행기가 도착하지 않았다고 대답했다. 마다가스카르 항공의 국제선 비행기는 딱 세 대밖에 없다고 한다. 그중 한 대가 공항으로 들어와야 하는데 비행기가 안타나나리보를 떠났는지 확인할 길이 없다고 했다.

만약 일본이라면 승객들이 시위를 하고 야단법석이었을 테지만 그곳은 아프리카였다. 판단하건대 아프리카 사람들은 살아가는 대륙의 크기만큼이나 통이 큰 듯했다. 그 어느 누구도 입도 벙긋하지 않았다. 출발 예정 시각이 다가오자 드디어 카운터에 불이 켜졌다. 이후에는 탑승구로 보이는 장소에서 마냥 죽치고 기다려야만 했다.

출발 예정 시각이 훨씬 지난 저녁 6시가 되자 탑승구에서 종잇조각을 사람들에게 하나씩 나눠주었다. 음료권이라고 했다. 승객들에게 미안한 마음이 들었던 모양인지 공항 측에서 나눠준 것이었다. 아무래도 시간이 더 걸릴 것 같으니 주스라도 마시면서 기다려달라는 뜻이 담긴 듯했다. 공항 측에서는 8시에는 저녁 식사권이 나온다고 승객들에게 알렸다. 그렇다면 9시까지도 비행기가 오지 않을 게 분명했다.

8시가 되자 약속대로 식사권을 승객들에게 나누어줬다. 환승 대기실 레스토랑에서 저녁을 먹고 다시 탑승구 앞에서 비행기가 오기를 마냥 기다렸다. 지루한 나머지 연신 하품만 해대다가 출발 시각 안내판에 반짝이는 불빛을 보고 눈이 번쩍 뜨였다. '12:01' 이라고 적혀 있었다. 자정 12시 1분에 출발한다는 뜻이었다. 비행기가 7시간이나 출발이 지연되었는데 이 1분이라는 '더듬이'는 또 무엇인가 하는 의문이 들었다. 추측컨대, 전광판 숫자를 제로로 맞출 때 실수가 발생한 것 같았다. 1분 초과한 숫자를 정확하게 고치지 않고 그대로 둔 것이다. 바로 이런 점이 아프리카답고 마다가스카르답다는 생각이 들었다.

　도착한 뒤에 안 사실이지만 마다가스카르 사람들은 시간개념이 사뭇 남다르다. 그들에게 인생의 목표는 '조상'이 되는 것이라고 했다. 마다가스카르의 조상은 전용 보자기를 덮고 잘 만들어진 묘지에 안치된다. 그 조상의 후손들은 가끔씩 조상의 묘지를 열고 이불을 덮어준다. 자손들은 묘지 안의 조상이 자신들을 지켜주고 있다고 믿는다. 그들은 죽어서도 자손을 돌보는 일이 조상의 과업이라고 여긴다. 그래서 마다가스카르 사람들은 죽음을 "조상이 된다"고 표현한다. 그러니까 그들은 살아가면서 서두를 필요가 전혀 없는 것이다.

　이렇게 편안하게 묘에 들어가려면 시신이 없으면 안 된다. 그런 연유 때문인지 마다가스카르 사람들 가운데는 유난히 비행기를 싫어하는 사람들이 많다고 한다. 어딘가에 떨어져서 행방불명이 되면 조상이 될 수 없을 테니까 말이다.

그들의 조상이 잠든 묘지를 구경해보니 생각보다 무척 훌륭했다. '어떻게 저 산에 올라갔을까?' 하는 의문이 들 정도로 말이다. 가파른 산중턱에 위치한 근사한 묘지가 손을 흔드는 것 같았다. 망원경으로 자세히 살펴보니 인공물임이 확실했다. 마다가스카르에서 산 절벽에 멋진 치장이 보인다 싶으면 전부 묘지라고 보면 된다.

12시 1분 비행기를 타고 안타나나리보 공항에 도착한 시각은 새벽 3시 반이었다. 비행기가 연착하는 바람에 현지에서 우리를 보살펴줄 분들이 매서운 추위 속에서 기다리고 있었다.

다음 날 우리는 곧장 페리네(Perinet) 숲, 현지 명칭으로는 안다시베(Andasibe) 숲까지 차로 내달렸다. 이 숲은 원시림이 남아 있어서 여우원숭이를 쉽게 만날 수 있다. 마다가스카르의 지리는 대만과 비슷하다. 전체가 고구마 모양의 섬으로 동쪽에는 산이 있다. 서쪽은 평탄한데 마다가스카르는 대부분 사바나로 덮여 있다. 안타나나리보에서 가자면 동쪽으로 향해야 동부 산을 구경할 수 있다.

차로 달리면서 차창 너머 산을 보았더니 소나무와 유칼립투스가 눈에 띄었다. 모두 인공림이다. 산이라고 부르지만 마치 밭 같다. 그 모습을 본 순간 고향의 동산이 불현듯 그리웠다. 자연 수림을 훌륭하게 이용하는 일본의 동산은 세계에서도 드문 존재임을 새삼 깨달았다.

페리네 숲에 다가가자 토박이 식물다운 나무가 보이기 시작했다. 아시아의 말레이반도에서도 그러하듯이, 야자나 고무 혹은 과실을 수확하는 플랜테이션 재배지가 끝나는 지역부터는 전혀 다른 원시림이 펼쳐진다. 자연과 인공이 확연하게 구분되는 곳이다. 이렇게 자연을 구분 짓는 일은 본디 '인간의 손길이 전혀 닿지 않는 곳은 자연이다'라고 생각하는 도시 감각에서 비롯된 것이다.

하지만 나는 인간과 동떨어진 자연관에는 찬성할 수 없다. 인간과 자연은 분리해서 생각할 수 없기 때문이다. 따라서 인간을 거부하는 자연이라면 다시 생각해볼 필요가 있다. 더욱이 우리 몸이 곧 자연임을 인식한다면 인간과 단절된 자연이란 존재할 수 없으며, 만약 존재한다고 해도 그 자연은 나하고 아무 상관이 없다고 소리치고 싶다.

아프리카를 가다 4
카멜레온과 바오바브나무

　페리네 숲에서 머물 숙소는 바로 역이었다. 역사(驛舍)가 그대로 숙사(宿舍)가 되었다는 의미에서 '호텔 드 라가르(Hotel de la Gare)'라는 이름이 붙어 있었다. 이는 곧 '정류장 호텔'이라는 뜻이다. 역 건물 바로 맞은편에는 삼각 지붕의 방갈로식 오두막이 몇 채 세워져 있다. 나는 그 오두막에서 묵었다. 역 안에 있는 방에서도 숙박을 할 수 있었다. 식당이나 호텔 부대시설은 길 건너 역 건물 안에 있었다.

　방갈로 앞에는 나그네나무가 우뚝 서 있었는데, 잎이 달린 부위에 빗물이 잔뜩 고여 있었다. 건조한 땅에서는 이 나무가 수분 공급원이 되는 것 같았다. 아하, 그래서 나그네나무라는 이름이 붙었나 보다.

"고인 물을 마셔도 괜찮지만 나중에 배탈이 나면 몰라요."

어디선가 고함 소리가 들려왔다. 그러고 보니 미생물이 대환영할 만한 환경에 노출된 물이다.

역이라고 해도 기차는 하루에 한 번만 운행되었다. 기차가 도착하는 시간은 마다가스카르 항공을 떠올린다면 대충 짐작이 갈 것이다. 기차가 언제 올지, 얼마나 걸려 목적지에 도착할지 아무도 모른다. 열차 운행 시각표를 확인한다 해도 아무런 의미가 없다. 시간과 마음의 여유가 없으면 이런 열차는 타기 어려울 것이다. 여하튼 이곳은 도시의 상식은 좀처럼 통하지 않는 별천지라고 보면 된다.

저녁이 되니 제법 쌀쌀했다. 마다가스카르는 남반구라서 8월은 한겨울이다. 그러니 해발 1000미터가 넘는 고지는 추운 것도 당연하다. 담요를 여분으로 받아서 꽁꽁 싸매고 누웠지만 콜록콜록 감기에 걸리고 말았다. 마사이마라에서는 손난로를 구했지만 이곳에서는 아무것도 구할 수 없었다. 그나마 식당에 난로가 있어서 언 몸을 녹일 수 있었다. 따뜻한 온기는 식당에서만 느낄 수 있었다. 일본으로 치면 10월이나 11월에 해당하는 날씨였다.

아무리 날씨가 추워도 숲속에서 곤충을 찾아보면 곤충이 한 마리도 없는 건 아니었다. 잎벌레나 바구미같이 나뭇잎을 갉아 먹는 곤충도 많지는 않지만 더러 보였다. 곤충이 전혀 없는 게 아닌 걸 보면 일본의 가을이나 겨울과는 다른 듯했다. 그렇다면 지금 마다가스카르는 어느 계절일까? 고민에 고민을 거듭했으나 결국 정답을 찾지는 못했다. 숲 자체는 열대우림이지만 날씨는 열대지방의 무더위가 아니었기 때문이다.

도로는 주로 비포장도로였으나 매끈한 도로가 많아 숲을 가로질러 달릴 수 있었다. 이유인즉, 이 역이 있는 안다시베 거리 안쪽에는 흑연 광산이 있다고 했다. 도로 표면에 똑똑 떨어진 은색 진흙이 그 흔적을 보여주고 있었다. 광석을 운반하는 트럭의 발자취인 듯했다. 원시림으로 들어가려면 이 광산 도로를 이용하면 된다. 개발용 도로를 이용해 자연을 관찰하러 숲으로 들어간다니, 바로 이런 점이 자연보호의 약점이다.

안타깝게도 마다가스카르에서는 원시림을 구경하기 어렵다. 그나마 페리네 숲이 남아 있는 것은 더딘 개발 덕분이다. 이곳의 개발이 늦어진 까닭은 주요 도심에서 멀리 떨어져 있기 때문이다. 광산을 개발하지 않았다면 지금까지도 이곳은 접근하기도 어려운 시골로 남아 있었을 것이다. 게다가 나처럼 이따금 방문하는 외국인이 찾아와도 쉽게 갈 만한 곳은 못 됐을 것이다. 이런 사실을 보면 자연 친화와 개발 행위는 동전의 양면 같다는 생각이 든다. 완전한 개발도, 완전한 보호도 존재할 수 없다. 그렇다면 양쪽의 균형이 가장 중요하지 않을까?

강을 들여다보니 커다란 물맴이가 헤엄치고 있다. 오키나와 근처에서 본 곤충과 비슷한 크기였다. 척추동물은 물론 여우원숭이, 카멜레온과 개구리가 많았다. 마다가스카르에는 특히 다양한 종류의 카멜레온이 서식했다.

마다가스카르산 카멜레온을 애완동물로 수출한 프랑스인이 있었다. 그가 벌인 이 사업은 큰 성공을 거두었다고 한다. 지금은 그 프랑스인이 이곳에서 작은 동물원을 경영하고 있었다. 페리네에서 안타나나리보로 돌아오는 길에 동물원을 방문했다. 페이레라스 공원이라고 부르는데 그곳에서는 수십 종의 카멜레온, 공노래기, 커다란 바구미, 개구리, 뱀, 텐렉, 큰박쥐 등을 사육하면서 전시하고 있었다.

코쿠렐시파카를 촬영하기 위해 숲에서 대기하고 있었는데 가이드가 아주 큰 지네가 많다며 소리를 질렀다. 마다가스카르어와 프랑스어를 섞어 의사소통을 했는데 이를 다시 일본어로 통역하자니 가이드 설명만으로는 도무지 알 수가 없었다. 직접 보고 싶은 나머지 숲속을 살금살금 걸었다.

가이드가 발견한 동물은 지네가 아니었다. 공노래기 떼거리였다. 커다란 공벌레를 떠올리면 딱 들어맞는다. 공벌레와 비교하면 굉장히 크다. 성충은 지름 4센티미터의 공 모양이다. 모여 있는 노래기들은 새끼들이었는데, 그래도 동그랗게 몸을 말면 지름 1센티미터가 넘는 공이 된다. 수많은 녹색 공벌레가 무리를 지어 숲속 일부를 전세 낸 것 같았다.

도대체 왜 모여 있을까? 주위를 둘러보아도 영문을 알 수 없었다. 모여 있지 않은 곳과 모여 있는 곳의 차이점을 찾을 수 없었다. 집단 페로몬을 뿜고 있어서 서로 모여 있는 것일까? 나는 후각이 예민하지 않아서 아무리 킁킁대도 낌새조차 찾을 수 없었다.

한 마리를 잡아서 손에 갖다 대자 떼구루루 굴러서 동그란 공이 되어버렸다. 눈 깜짝할 사이 녹색 작은 공이 생긴 것이다. 너무 귀여워서 일본까지 선물로 가져갈까 생각했지만 갈 길이 아직 멀어서 포기하기로 했다. 생물이 짐이 되면 여간 성가신 게 아니기 때문이다. 그러고 보니 베트남에서 이와 비슷하게 생긴 보라색 공을 구경한 적이 있다. 크기도 여기서 본 공벌레와 흡사했다.

이들이 공으로 변신하는 이유는 천적의 먹잇감이 되지 않기 위해서다. 예전에 공벌레를 땃쥐의 먹이로 준 적이 있다. 땃쥐가 덥석 삼키려 하자 곧바로 공으로 변신해 방어를 했다. 그 결과 땃쥐는 공벌레를 깨물 수 없었다. 땃쥐가 한참을 혀끝으로 굴려서 마치 눈깔사탕 빨듯 쪽쪽거리자 머리와 꼬리 이음매 부분에 드디어 이빨이 들어갔다. 그러자 공벌레는 녹다운이 되고 말았다. 땃쥐는 동그랗게 말린 공을 펴서 맛있게 씹어 먹었다.

사흘 정도 페리네 숲 취재를 한 후 일단 안타나나리보로 돌아갔다. 다음 일정을 위해 비행기로 마다가스카르 남서부에 있는 항구 도시 톨리아리(Toliary)로 이동했다. 도중에 바오바브나무(Baobab) 거리로 유명한 모론다바(Morondava)를 경유했는데, 비행기 창문 너머로 보니 온통 바오바브나무 세상이었다. 바오바브는 마치 술병 주둥이에 가지가 몇 개 붙어 있는 것 같은 기이한 생김새의 나무이다. 아마도 『어린 왕자』를 읽은 독자라면 쉽게 떠올릴 수 있을 것이다. 아프리카 대륙에는 바오바브가 한 종류인데, 마다가스카르에는 17종이나 있다. 이 섬은 식물도 꽤나 별난 것 같다.

바오바브풍 식물로는 '코끼리의 다리'로 불리는 키 작은 파키포디움을 잊어서는 안 된다. 이 나무는 도톰하게 생긴 술병 모양으로 나무 꼭대기에 노란 꽃이 핀다. 정말 신기한 식물이 아닐 수 없다. 키가 너무 작아서 나무같이 보이지 않지만 나무껍질이 두껍기 때문에 풀이라고 할 수는 없다. 껍질은 이름 그대로 코끼리 피부처럼 은색으로 빛난다.

톨리아리는 모잠비크 해협에 면한 마을이다. 이 근처에서 어촌 마을을 취재했다. 이상하게 생긴 일당이 왔다고 온 마을 사람들이 구경을 나왔다. 특히 아이들이 많았는데 "가토(gateau), 가토!" 하며 소리를 쳤다. 이 말은 '과자를 달라'는 뜻이다. 이곳 어린이들은 외국인을 보면 무조건 프랑스어로 외친다. 이는 일본인이 외국인을 보면 영어로 소리치는 것과 흡사하다.

야자 잎으로 꼰 오두막을 보고 있자니 갯마을의 초가삼간이 절로 떠올랐다. 풍취가 느껴진다고나 할까? 타임머신을 탔다고 해야 하나? 만감이 교차하는 풍경이었다.

같이 배를 타고 어부의 하루를 촬영했다. 한쪽에만 손잡이가 달린 카누는 돛이 걸려 있긴 했지만 드문드문 찢어져서 바람의 도움은 받지 못할 것 같았다.

이 지역 조상들도 이런 쪽배를 타고 이 섬에 건너왔을지 모른다. 마다가스카르 사람들은 말레이 계통으로 수전(水田) 경작을 한다고 했다. 수전을 만드는 문화와 소를 기르는 목축문화가 공존하는 것이 바로 마다가스카르의 특징이다.

아프리카를 가다 5
엘곤 산에 오르다

마다가스카르를 뒤로하고 다시 케냐로 향했다. 취재 대상은 변함없이 동물과 자연이지만 다음 행선지는 산과 호수다. 케냐에는 높은 산을 비롯해 드넓은 호수가 몇 군데 있다. 앞서 소개했듯이 킬리만자로는 케냐가 아닌 탄자니아에 있다. 원래 케냐에 있던 킬리만자로를 빅토리아 여왕이 독일 황제의 생일 선물로 바쳤다고 한다. 물론 산을 포장해서 선물할 수는 없는 노릇이고 당시 식민지 경계선을 수정한 것이다. 따라서 케냐와 탄자니아의 국경은 킬리만자로에서 직선이 아닌 곡선을 이루게 되었다.

나 같은 노인은 높은 산을 오를 수 없다. 그저 갈 수 있는 곳까지 따라가다가 꽁무니를 뺄 수밖에 없다. 우리가 선택한 첫 목적지는 엘곤(Elgon) 산이었다. 산 규모는 정확히 모르겠다. 일본 지도라면 눈에 익숙하니까 지도만 봐도 대강 크기를 가늠할 수 있다. 하지만 세계지도라면 이야기가 달라진다. 관광 안내 책자에 나오는 지도는 크거나 작거나 축척이 제멋대로이다. 그래서 귀국한 지 몇 개월이 지난 지금도 엘곤 산의 규모를 잘 모르겠다. 후지 산보다 더 높은지 낮은지 관광 안내 책자에서 설명해주어야 마땅하다고 생각하지만 다양한 지식을 실은 안내 책자는 아직까지 구경하지 못했다. 아마도 수요가 없을지도 모르겠다.

엘곤 산은 꽤 유명한 산이다. 에볼라(Ebola) 바이러스 이야기를 다룬 『더 핫 존(The Hot Zone)』은 엘곤 산 동굴을 배경으로 이야기가 시작된다. 몇몇 대자연의 동굴 벽에서는 암염(巖鹽)을 쉽게 볼 수 있는데 코끼리나 들소가 소금을 핥으러 이 동굴을 찾는다. 에볼라출혈열이 유행하게 된 근원을 거슬러 올라가면 엘곤 산 동굴을 방문한 인간에 다다른다. 그런 가설에서 이야기가 출발한다.

문명인으로 일컬어지는 도시인은 이런 병을 무서워한다. 그래서 '열대 지방은 각종 전염병과 감염증이 도사리고 있으니 위험하다'고 많은 사람들이 생각한다. 하지만 정작 도시인들은 초현대식 병원에서 병원 내 감염으로 죽어가고 있다.

앞으로 살 날이 그리 많지 않아서일까? 나는 병에 걸릴까 노심초사하지 않는다. 제2차 세계대전이 끝난 직후 외갓집 마을에 적리(赤痢, 급성 전염병인 이질의 하나)가 돌아서 할아버지와 할머니, 숙모가 돌아가셨다. 나는 급성 전염 설사병에 걸려 환영을 볼 정도로 증상이 심했지만 다행히 저승사자는 나를 데리고 가지 않았다. 어머니 역시 적리에 걸리지 않았다. 병에 걸리지 않는 행운도 있었지만 설령 죽을병에 걸렸다 해도 살아날 팔자도 있고 죽을 팔자도 있는 것이다. 의사는 삶과 죽음의 여신을 알고 있는 것 같지만 실상은 모른다.

때로는 약보다 기이한 주술이나 종교 체험이 더 효험이 있더라도 나는 놀라지 않는다. 그렇다고 굿을 하는 건 아니지만 약도 먹지 않는다. 말라리아 약처럼 일주일에 한 번만 복용하면 약효가 오래가는 약은 무서워서 먹지 못한다. 일주일 동안 혈중 농도가 유지되는 약품에 부작용이라도 생기면 그 결과는 차마 눈 뜨고 볼 수 없을 정도로 참담하다. 이는 일주일 동안 온몸에 독이 헤집고 다니도록 방치하는 셈이다.

동굴 바닥은 코끼리와 들소의 발자국과 배설물로 가득했다. 안으로 더 들어가서 소리를 내자 수천 마리의 박쥐가 한꺼번에 날아올랐다. 그들의 날갯짓은 실로 엄청난 소리를 만들어냈다. 이들 박쥐 떼가 바이러스를 보유하고 있었다면 분명 감염됐을 것이다. 동굴에 빛이 들어오는 곳에는 제비가 둥지를 틀고 있었다. 제비가 날아가니까 어떤 게 박쥐고 제비인지 좀처럼 구분이 가지 않았다. 간만에 박쥐를 보니 반갑기도 하고 즐거웠다. 날씨가 더우니까 박쥐도 힘이 아주 셌다.

젊은 시절, 니시이즈(西伊豆) 동굴에서 실험용 박쥐를 잡은 적이 있다. 박쥐의 침샘을 조사해 그 결과를 논문에 발표했다. 추운 겨울이라서 박쥐는 겨울잠을 자고 있었다. 덕분에 동굴 천장에 매달린 박쥐를 아주 간단하게 잡을 수 있었다. 일시정지 자세가 대부분인 박쥐는 부르르 떠는 준비운동으로 체온을 높이지 않으면 날지 못한다. 그런데 아프리카의 박쥐는 이런 준비운동이 필요 없다. 준비운동 없이도 처음부터 쌩쌩하다. 날씨가 더운 탓도 있겠지만 나로서는 겨울 박쥐라는 선입견이 있어서 그 선입견을 바로잡는 데 시간이 필요했다.

엘곤 산 주위는 해발 1500미터가 넘는다. 그래서인지 연중 온대기후의 느낌이다. 식물도 일본에서 보던 것과 거의 다르지 않다. 같은 종은 없을 테지만 본 듯한 잎이 많았다. 게다가 곤충이 붙어 있는 모습도 일본의 식물과 닮았다. 동아프리카의 산은 상상 이상으로 일본의 산과 흡사했다. 실제 도로를 따라 엘곤 산을 올라가다 보면 낙농을 함께 하는 농원이 많다. 영국인이 개발해서 젖소를 사육하고 밀이나 옥수수를 심었다. 이는 이 지역의 기후가 온대에 가깝다는 것을 뜻한다. 여기에 코끼리와 들소가 뛰어다닌다. 코끼리와 들소를 보면 일본과는 많이 다르다는 느낌을 받을 수도 있다. 그러나 인간이 정착한 뒤에도 나우만코끼리*가 살았던 흔적을 일본에서 찾을 수 있으니 아프리카와 일본은 여러모로 많이 닮았다.

사흘 정도 걸려 엘곤 산을 통과하자 다음 목적지인 투르카나(Turkana) 호수가 나왔다. 케냐 북부에 위치한 투르카나 호는 우리에게 루돌프(Rudolf) 호로 잘 알려져 있는데 나이로비에서 차로 꼬박 이틀이 걸린다. 이 호수의 동안(東岸)은 인류 화석이 나온 곳으로 유명하다. 내가 가는 곳은 동안이 아니라 서안이다. 엘곤 산에서 북부로 향하면 점점 건조해지는

● 나우만코끼리(Naumann's elephant) : 빙하시대에 일본·중국 등 극동지방에 분포하던 코끼리

것을 체감할 수 있다. 해발고도가 높으면 비가 내리지만 저지대는 건조하다. 식물은 아카시아만 구경할 수 있는데 곤충채집은 거의 불가능하다. 아카시아 잎은 가시가 많아서 곤충망이 찢어지기 때문이다. 환경도 단조로워서 눈을 씻고 봐도 곤충은 보이지 않았다.

오직 차를 타고 차창 너머만 뚫어지게 감상했다. 마지막 봉우리를 넘자 전형적인 사바나가 등장했다. 드문드문 아카시아가 고개를 쳐들고 있었다. 투르카나 호 주변에는 투르카나족이 많이 산다. 마사이와 같은 유목민이지만 투르카나 호숫가에는 어민도 있다. 물고기가 잡히는 시기에는 호수 주위에 살면서 고기를 잡는다. 물고기가 없으면 다른 곳으로 이동하면 그만이다. 이런 상황만 보더라도 그들이 유목민이라는 것을 알 수 있다.

투르카나 호 서쪽은 어떤 곳일까? 나이로비 공항에서 무료함을 달랠 요량으로 구입한 영국의 안내서를 읽었다. '투르카나 서안' 이라는 항목이 있는데, 우선 '이곳은 볼 만한 관광지가 없다'고 적혀 있다. 이어 '이곳까지 왔다는 성취감이 유일한 보수다' 라는 글귀가 눈에 띄었다. 성취감을 만끽할 수 있는 이곳에 우리를 끌고 온 주인공은 감독인 다카시로(高城) 씨였다. 원래 투르카나 서안에는 '피셔맨스 로지(Fisherman's Lodge)' 라는 숙박시설이 한 군데 있다. 투르카나에서 낚시를 하는 관광객들을 위한 숙소 같았다. 바로 그 산장이 최종 목적지였던 것이다.

우리의 최종 목적지를 좀 더 소개하자면 호안의 사구(砂丘) 위에 목조로 된 오두막이 열 채 정도 늘어서 있다. 물은 얼마든지 있지만 소다 성분이 많은 호수의 물이라 마실 수는 없었다. 샤워 시설도 있지만 천연수라서 온

탕이 주를 이루었다. 해발고도 300미터에서 400미터 되는 내륙 분지라서 굉장히 더웠는데, 내가 찾아간 곳은 대부분 찜통더위에는 뜨거운 온천물이 나오고 추운 얼음 방에서는 냉수만 나왔다.

목적지 근처에 접어들자 어느덧 밤이 되었다. 마지막 마을에서 기다리는 남자들이 있었는데 그들이 우리를 숙소까지 안내해주었다. 그 사람들의 차를 타고 호숫가에 도착할 때까지는 좋았으나 아무리 지나도 숙소가 보이지 않았다. 가이드는 차에서 내려 종종걸음으로 이곳저곳을 달렸다. 차는 빠질 듯 말 듯 모래밭을 달렸다. 언제 멈출지 모르는 모래밭이었다.

한 시간 이상 모래밭을 빙빙 돈 안내자는 결국 숙소가 어디에 있는지 모른다고 말했다. 숙소가 어디에 있는지도 모르면서 왜 안내인이라며 앞장섰는지 답답하기만 했다. 하지만 이 정도 일에 풀이 죽는다면 아프리카를 여행할 자격이 없다. 어쩔 수 없이 오늘 밤은 자신들의 집에 머물러달라고 안내인들이 말했다. 안내인의 집에 가보니 우리가 머물 만한 장소는 아니었다. 결국 마지막 마을로 다시 돌아가기로 했다. 그곳에 우리가 머물 만한 호텔이 있다는 사실을 알고 있었기 때문이다.

아프리카를 가다 6
녹색 천지에 부는 미묘한 변화의 바람

    다음 날 아침, 다시 피셔맨스 로지로 향했다. 이번에는 사방이 훤한 낮이라서 길을 헤매지는 않았지만 차가 모래밭에 콕 박혀버렸다. 랜드로버 세 대 가운데 가장 큰 한 대가 위태위태했다. 차체가 너무 커서 제 무게를 감당하지 못한 듯 자꾸 모래에 잠겼다. 사하라를 무사히 통과했던 차라고 하지만 이곳 모래밭에서는 맥을 못 추는 듯했다.
    마침내 이 차는 고장이 나고 말았다. 마치 스키 경기에서 울퉁불퉁 눈 위를 도약할 때의 설면(雪面)처럼, 작고 불규칙한 모래 산이 끝없이 이어져 있었다. 가끔 마른 강바닥을 건널 때는 차가 부드럽게 달렸다. 아무튼 마을을 떠나 몇 시간을 달린 끝에 가까스로 숙소에 도착할 수 있었다.

사람 키와 맞먹는 나일 퍼치(Nile perch, 육식을 하는 외래종 민물 농어)를 들고 있는 유럽인의 사진이 입구에 있다. 투르카나 호에서 낚시를 하니까 '낚시꾼 산장(Fisherman's Lodge)'이라고 부르는 것 같다. 악어도 많다고 한다. 안내 책자에는 '호수에서 수영을 해도 괜찮지만, 이곳 악어는 물고기만 잡아먹지 않고 다른 고기도 기꺼이 즐길 것'이라고 적혀 있었다.

호숫가에는 토박이 투르카나족이 모여 산다. 배도 있다. 이 배는 어부들의 배다. 그들은 잡은 물고기를 그 자리에서 손질하는데 무기는 바로 팔찌다. 고리 모양의 나이프를 칼집에 넣은 것이 그들의 팔찌인데, 칼집을 벗기면 바로 나이프로 변신한다. 이 칼로 생선을 다듬어 건어물로 단장을 마친 뒤에 말린 생선을 모아두는 집합소에 내다 판다고 한다. 어젯밤 묵은 마을에 이 말린 생선을 모아두는 집합소가 있었다.

호수 기슭에 내리자 파리가 맹렬한 기세로 달려들었다. 그런데 어딘가 수상했다. 자세히 보니 그중 다수는 길앞잡잇과 곤충들로, 길앞잡이가 호숫가에 무리를 지어 날아다니고 있었다. 잽싸게 망을 가져와 물가에서 휘둘렀다. 길앞잡이는 물가에만 있었다. 모래사장은 넓지만 햇볕이 내리쬐니 더워서 있을 만한 곳이 못 된다. 아무리 곤충이라도 더위 먹기 딱 좋다. 그러니 물가에 옹기종기 모여 있는 것이다.

방으로 돌아와서 잡은 곤충을 살펴보니 두 종류가 섞여 있었다. 그중 수가 많은 한 종류는 일본에서도 흔히 볼 수 있는 꼬마길앞잡이와 비슷했다. 또 한 종류는 강변길앞잡이에 가깝지만 훨씬 자그마했다. 후자는 한 마리만 잡았다. 더운 모래사장이라고 해서 곤충이 전혀 없는 것은 아니었다. 자세히 보니 작고 검은 것이 맹렬하게 달려들었다. 이는 거저릿과의 일종이다. 거저리 사촌들은 건조 지대에 많다. 습도가 높은 일본에서는 건조 지대에 사는 곤충을 구경하기 어렵다. 2센티미터가 넘는 커다란 거저리도 기어 다니고 있었다. 길앞잡이는 일본에도 흔하지만, 이 거저리들을 보기 위해 힘겹게 아프리카까지 왔다는 느낌이 들었다.

밤이 되어 호숫가에 설치된 전구를 구경하러 갔다. 무슨 용도인지는 모르지만 호숫가에 조명 하나가 걸려 있었다. 간단한 등대 같았다. 이 숙소는 자가발전을 했다. 주변 마을에는 전기가 들어오지 않아서 밤이 되면 칠흑 같은 어둠이 깔렸다.

불빛에 곤충이 모이는 것은 누구나 아는 사실이다. 불이 켜진 전구 주위로 엄청나게 많은 곤충이 날아다녔다. 깔따굿과가 으뜸으로 많다. 더러 갑충도 섞여 있다. 빠른 걸음으로 걸어가는 곤충을 붙잡으면서 놀라운 사실을 발견했다. 강변먼지벌렛과를 찾아낸 것이다. 요즘 일본에서는 거의 구경하기 힘들지만 예전에는 유인 등불 아래에서 흔히 잡을 수 있었다. 모양도 빛깔도 일본의 곤충과 거의 다르지 않다. 진흙벌렛과도 많이 보였다. 중간 크기의 조롱박먼지벌레도 많다. 이 곤충들은 일본에서도 불빛 아래에 모였던 곤충들이다.

곤충을 잡는 동안 잠시 일본에 있는 것 같은 착각이 들었다. 붙잡은 곤충이 전혀 아프리카 곤충이라는 느낌이 들지 않았기 때문이다. 아시아 곤충은 일본 곤충과 비슷한 게 당연하지만 호주의 곤충은 일본 곤충과 전혀 다르다. 좀 더 구체적으로 분석해본다면 호주보다 동아프리카의 곤충들이 일본 곤충과 훨씬 가깝다.

　그 이유는 무엇일까? 바로 대지구대에 위치한 동아프리카의 사바나라는 점과 관련이 있다. 즉 새로운 환경이라는 점이다. 호주도 사바나처럼 건조한 대륙이지만 그러한 환경이 조성된 지 아주 오래되었다. 그러니 그 지역에 적응한 종이 이미 다수 분화했다. 한편 동아프리카가 사바나화한 것은 비교적 최근의 일이다. 게다가 그 이후에 인류가 탄생했다. 이런 새로운 건조 지대에 적응하는 종은 대개 정해져 있다. 따라서 지구사에서 최근 탄생한 건조 지대에서는 어느 특정 모둠을 어디에서나 볼 수 있다는 결론이 나온다.

　가만히 생각해보면 인간이라는 동물도 마찬가지다. 동아프리카에서 열대우림이 사라지고 사바나로 변할 즈음 유인원에서 분화한 존재가 바로 인간이다. 인간은 특히 건조 지대를 좋아하지 않는다. 그러나 인간이 땀을 흘리는 사실로 짐작컨대 고온 건조한 환경에 적응했다고 볼 수 있다. 인간의 특징으로 잘 거론되지는 않지만 인간의 땀샘은 포유류 중에서도 굉장히 특이하다. 건조 지대뿐만 아니라 인간은 전 세계 어디서나 볼 수 있다. 다만 열대우림에는 많은 인간들이 살지 않는다. 곧 인간은 황무지에 서식하는 동물이라고 할 수 있다. 인간이 우림에 서식할 때는 나무를 베어서 그곳을 황무지로 바꿔버린다.

　지금 세계에서 흔히 볼 수 있는 동물이나 곤충은 이러한 황무지에 적응하기 쉬운 모둠이다. 문명이란 오직 황무지를 만드는 것이다. 동아프리카는 그 황무지의 원형을 우리에게 제공하고 있다. 이는 인간이 만들어낸 황무지와 비교한다면 훨씬 오래됐다. 그러나 생물의 역사에서 보면 동아프리카의 사바나는 신도시라고 말할 수 있다. 예를 들면 말레이반도의 열대우림은 2억 년이 넘는 역사를 자랑한다. 다시 말해 동아프리카가 신도시라면 말레이반도는 옛 도읍지에 해당한다.

인간은 이를 반대로 생각한다. 자신이 있는 곳이 세상의 중심이라고 여기기 때문이다. 사실 생물 다양성의 중심은 열대우림이다. 우림에서 흘러나온 생물들이 전 세계로 퍼져갔다. 나일 하구는 나일 강이 범람해서 1년에 한 번씩 거대한 황무지를 만들어낸다. 거기에서 농경이 비롯되었고 문명이 시작되었다. 인간은 황무지의 생물인 것이다.

밤이 되니 투르카나 호숫가에 바람이 무섭게 불었다. 머무르는 기간 매일 밤 태풍 전야의 소리가 이어졌다. 투르카나족이 거처하는 오두막은 야자 잎으로 짠 집이다. 말 그대로 "후" 불면 날아갈 것 같은 오두막이지만 태풍에도 끄떡없다. 매서운 바람에 날아간 오두막은 못 봤으니 말이다.

며칠 후, 보트로 30분 정도 떨어진 촌락을 방문했다. 그곳도 호숫가라서 서식하는 식물이나 지면 등이 숙소 주변과 크게 다르지 않았다. 그곳에도 길앞잡이가 날아다녔다. 잡아보니 숙소에 있던 녀석과는 또 달랐다. 숙소에서 한 마리밖에 잡지 못했던 종이 아주 많이 잡혔다. 숙소에서 다수파였던 놈들이 이곳에서는 소수파인 듯했다. 게다가 또 다른 종 한 마리가 얼굴을 내밀었다.

투르카나 호 둘레가 정확하게 몇 킬로미터인지는 잘 모르지만 거대한 호수임에는 분명하다. 호수 주변의 환경은 비슷해 보이는데도 길앞잡이가 여러 종으로 구분됐다. 게다가 장소를 조금만 이동해도 우점종이 달라진다. 곤충은 환경의 차이를 능수능란하게 식별하지만 나는 어떤 차이가 있는지 알 수 없었다.

『사회생물학(Sociobiology)』을 쓴 에드워드 윌슨(Edward Wilson)은 개미 전문가다. 그는 아마존 열대우림에서는 2~4킬로미터만 이동해도 서식하는 개미의 종류가 달라진다고 소개하고 있다. 인간이 보면 아마존 우림은 어디나 녹색 천지로만 보일 것이다. 그러나 그 녹색 천지에 미묘한 환경의 변화가 존재한다. 투르카나 호의 길앞잡이도 이 변화를 귀신같이 알고 있었던 것이다.

3. 다양한 개체들의 어울림을 그리다

내가 사는 곳에서는 녹색운동이 한창이다.
하지만 오래전부터 이곳에 살아온 터줏대감들은 이런 녹색운동을 못마땅해한다.
'산을 깎고 이사를 온 건 바로 당신네들이잖아!' 하는 불편한 감정이 언어 저편에서 새어 나온다.
어느 순간부터 '공기가 좋아서' 이곳으로 새로 이사 온 주민들은 녹지를 밀어버리고 새집을 지었다.
그들이 정말로 환경을 소중히 여겼다면 애초부터 이사를 오지 않았을 것이다.
그것이 녹지를 지키는 길이니까 말이다.

멸종과 다양성의 관계

환경의 변화로 수많은 생물이 멸종 위기에 처해 있다. 멸종 위기 생물을 모아둔 목록을 '레드 데이터 북(Red Data Book)'이라고 하는데 여기에 실리는 생물 종이 점점 늘고 있는 추세다. 환경 변화는 인간에게 큰 영향을 미치는데, 생물이 멸종하면 안 되는 가장 큰 이유는 무엇일까? 이 문제를 진지하게 파헤치다 보면 모든 게 의문투성이가 되고 만다. 나만 잘 모르는지, 아니면 세상 사람들 전부가 모르는지 그것조차 모르겠다.

물론 멸종은 아주 오래전에도 있었던 일이다. 그 단적인 예로 공룡을 들 수 있다. 공룡뿐 아니라 지구상에 사는 생물들은 모두 2500만 년 주기로 절멸한다는 이론도 있다. 적어도 고생대, 중생대, 신생대라는 지질시대의 경계선에서 90퍼센트 이상의 생물이 멸종했다. 그렇다면 멸종과 관련해 여러 학자들의 주장을 다각도로 이야기해보도록 하자.

먼저 인간이 일으키는 환경 변화가 지나치게 빠른 속도로 진행되고 있는 점을 들어 멸종의 우려를 피력하는 견해가 있다. 그런데 공룡의 멸종 원인을 살펴보면 유카탄반도 주변에 떨어진 운석을 직접적인 원인으로 여긴다. 만약 운석이 떨어졌다면 눈 깜짝할 사이에 멸망이 찾아왔을 것이다. 대운석이 떨어지면 거의 1년간은 온 세계가 암흑으로 변하는데 이러한 상황에서 살아남을 수 있는 생물은 거의 없다.

인간 때문에 멸종한 동물은 아주 많다. 비교적 가까운 지질시대에 완전히 자취를 감춘 대형 포유류, 조류가 많이 알려져 있는데 이들의 멸종에 인간이 깊숙이 개입했을 것으로 추측된다. 매머드가 가장 대표적이고 남미의 거대한 나무늘보인 메가테리움, 뉴질랜드의 날지 못하는 새로 유명한 모아, 『신드바드의 모험』에 등장하는 전설의 새 로크(Rokh)의 모델인 마다가스카르의 아이피오르니스 등 멸종 동물은 부지기수다. 특히 도도새나 스텔라바다소는 유사 이래 인간이 잡아먹어서 멸종한 단적인 예다. 북미의 여행비둘기는 모두 새털 이불이 되고 말았다.

인간이 출현하면서 포유류가 조금씩 작아졌다. 이는 화석 연구를 통해 알 수 있는데 생물 종이 작아진 것이 아니라 덩치가 큰 종류부터 절멸한 것 같다. 현재 코뿔소는 멸종 위기 일순위에 올라 있다.

"동물이 지구상에서 사라진다고 해서 무엇이 어떻게 된단 말인가?"

이런 질문에 "멸종 동물의 운명은 장차 인간의 운명"이라고 대답하는 사람이 있다. 반면 "먹거나 깃털 이불로 이용한 당사자는 인간이므로 인간이 인간을 잡아먹지 않는 한 괜찮지 않느냐"고 반문하는 사람도 있을 것이다. 또 멸종 그 자체는 문제가 아니지만, 멸종이 나타내는 생태계 전체의 변화가 큰 문제라고 주장하는 학자도 있다. 이는 상당히 수긍이 가는 논리다. 이러한 주장을 받아들인다면 무엇이 어떻게 변하고 있는지 궁금해진다. 분명 생태계 변화는 환경 변화와 겹치는 문제다.

에도시대에는 도쿄 아사쿠사(淺草)에 있는 절, 센소지(淺草寺)에 따오기가 있었다. 일본의 옛 관광 명소를 그린 그림에서도 따오기를 본 기억이 있다. 학도 있었다. 그런데 현재 환경에서는 따오기와 학이 사라졌다. 그 이유는 환경이 변했기 때문이다. 논이 없어지니 먹이도 없을뿐더러 품위 있는 학은 도처에 전기줄이 있어 멋지게 날 수조차 없다. 미처 전기줄을 피하지 못해서 자꾸 부딪힌다. 그러니 도시에서 학은 살아남을 수 없다.

환경은 자연 상태에서도 변한다. 하지만 인간이 일으키는 변화는 매우 극단적이다. 특히 일본은 아주 극심한 변화를 겪었다. 지난 50년 동안 뿌리째 확 바뀌었다.

가장 두드러진 변화는 담수(淡水)의 환경 변화다. 따오기가 사라진 이유도 이와 관련이 깊다. 물방개와 송사리도 자취를 감추었다. 내가 오랫동안 살고 있는 가마쿠라는 1970년대 이후 두드러지게 변한 것 같다. 세제가 포함된 생활하수가 하천으로 흘러들어가는 일이 늘어났다. 어린 시절 물고기를 잡으러 다녔던 그 강가에 아이를 데리고 갔더니 물고기가 딱 한 마리만 눈에 띄었다. 더 참담한 사실은 그 한 마리도 내가 어릴 때는 본 적이 없는 기형 물고기였다는 것이다.

아사쿠사에 있는 절, 가마쿠라 개천……, 이런 식으로 장소를 국한하면 절멸은 도처에서 만날 수 있는 빈번한 현상이다. 도쿄 시내에서 생물은 거의 절멸 상태다. 살아남은 곤충도 있지만 그 수는 아주 미미하다. 도쿄에 서식하는 곤충들을 찍은 사진을 모아 책을 낸다면 한 권의 책에 다 실을 수 있을 정도다. 반면에 가마쿠라에 사는 곤충들을 찍은 사진집은 지금도 만들 수 없다. 대표적인 곤충만 싣는다면 몰라도 서식하는 종을 망라하려면 너무 많아서 지면이 넘치기 때문이다.

이처럼 도처에서 멸종한 생물이 있는가 하면 아직 건강하게 살고 있는 생물도 많다. 그러니 무엇을 어떻게 하면 좋은지 그 대답을 찾기가 어렵다. 한편 멸종은 종의 다양성을 줄인다는 해석도 있다. 그런데 이 '다양성'의 참뜻을 이해하기가 어렵다. 만약 나비를 예로 든다면 배추흰나비만 있으면 안 된다. 호랑나비, 은점표범나비, 부전나비 그리고 꽃팔랑나비 등 다양한 나비가 공존해야 한다. 이것이 다양성이라는 것이다.

열대우림에서는 이런 종의 다양성을 쉽게 찾을 수 있다. 이를 증명하려고 열대우림에서 곤충을 잡고 있는데 아직은 곤충채집에 정신이 팔려서 다양성까지는 검토하지 못했다. 다양성이란 단순히 곤충의 종류가 많다는 사실과 동의어는 아닐 것이다. 진정한 다양성이란 여러 생물들이 전체적으로 구조를 이루며 조화롭게 생활하는 상황일 것이다. 따라서 한 가지 종이 절멸하면 그 구조가 변하는 것이다. 이런 구조를 보통 '생태계'라고 한다. 하지만 이 생태계를 구체적으로 포착하는 것은 또 어려운 문제다.

우리 주변에는 식물이 분포해 있다. 풀이 있고 나무도 자란다. 땅 위에는 나뭇가지와 잎, 줄기가 있으며 땅 아래에는 뿌리가 있다. 지상에 풀과 나무가 펼쳐져 있는 만큼 지하에는 뿌리가 펼쳐져 있다. 뿌리 주위에는 균류가 있고 어마어마한 양의 세균도 살고 있다. 이런 생물들이 전체적으로 어떤 구조를 이루는지 나는 전혀 모른다.

나는 내가 모른다는 사실을 잘 알고 있지만 대부분의 사람들은 자신이 모른다는 사실조차 모르는 것 같다. 멸종 문제는 구조 변화와 관련이 있다고 서술했지만 "이런 구조가 정말 있기는 한 걸까?"라며 고개를 갸우뚱하는 사람이 대부분일 것이다.

여기서 '구조'라고 표현한 이유는 생태계에도 어떤 단위가 있음을 말하고 싶기 때문이다. 이동성이 떨어지는, 잘 날지 못하는 곤충을 채집해보면 수 킬로미터에서 수십 킬로미터만 떨어져도 곤충의 종류가 달라지는 사실을 알 수 있다. 우리 집 근처를 예로 들면, 서로 인접한 아마기(天城) 산과 하코네에는 다른 곤충이 서식한다. 이 경계가 내가 아는 범위 내에서 가장 흥미로운 생태계의 단위다.

좀 더 규모를 좁혀본다면, 나무 한 그루나 작은 연못 하나를 생태계라고 말해도 무방하다. 하지만 그렇게 작은 단위에서는 종의 변화가 생기지 않는다. 몇 킬로미터 이내에 비슷한 수목 내지 연못이 있다면 같은 종이 거듭 발견되기 때문이다. 그런데 그 몇 킬로미터를 벗어나면 똑같은 환경인데도 종이 동일하지 않다. 바로 이런 곳이 나의 뇌를 자극한다.

만약 몇 킬로미터 정도의 생태계 단위가 있다고 가정한다면 그 경계는 무엇일까? 그 경계가 왜 무너지지 않을까? 아니면 끊임없이 무너지면서 다시 복구되는 것일까? 애초 생물의 단위를 종이나 개체라고 생각해도 좋을까? 어떤 생태적 단위에 포함된 전 종의 전 개체가 전체적으로 어떤 구조를 이룬다는 견해가 바로 '생태적'이라는 말의 의미가 아닐까? 비유해서 말하기란 쉽지만 이를 실제 모델로 가공하는 일은 결코 쉽지 않다.

원인과 결과를 따지며 자질구레하게 집착하는 것이 바로 내 취미인가 보다.

푸껫에서의 여유로운 사색

작년 연말은 태국의 푸껫(Phuket) 섬에서 지냈다. 물론 곤충채집을 위해 갔다. 그런데 현지에서 곤충쟁이 동료가 도착할 때까지 며칠 기다려야만 했다. 내가 너무 일찍 서두른 탓이다.

나는 혼자 곤충을 잡으러 나가지 않는다. 이유는 간단하다. 위험하기 때문이다. 깊은 산골짜기에 들어가야 하고 일단 곤충을 만난 순간부터는 온 정신이 곤충에 쏠려서 주위도 발밑도 안중에 없다. 그러니 길을 잃고 낭떠러지에서 떨어지기 일쑤고 뱀을 밟거나 코끼리와 맞닥뜨리기도 한다. 물론 이런 고난도의 위험에 처하면 곤충 구경뿐 아니라 세상 구경도 못하게 될 테지만 말이다.

실제로 나는 생명에 영향을 미칠 만큼 치명적인 위기 상황은 아니지만 손가락이 찢어지거나 물을 깜박 잊어서 곤경에 처하거나 귀에 곤충이 들어가거나 벌에 쏘이는 일은 물론 얻어 탄 오토바이가 구르는 등의 사건사고는 모조리 경험했다. 그때마다 느끼는 점은 아무리 사소한 일이라도 곁에 사람이 있으면 든든하다는 것이다.

내 안전도 문제지만 가족의 염려도 있다. 젊을 때는 크게 신경 쓰지 않았지만 나이가 드니까 집에서 기다리는 사람의 마음을 살피지 않을 수 없게 되었다. 그런 면에서 동행자가 있으면 가족도 한결 마음을 놓을 수 있다. 물론 동행자도 동행자 나름이겠지만 말이다. 간혹 "저 친구는 오히려 없는 게 더 편해. 같이 있으면 더 위험하거든" 하며 이맛살을 찌푸리게 하는 동료도 주위에 있다. 그래도 백지장도 맞들면 낫다고 동행이 없는 것보다는 있는 쪽이 훨씬 힘이 된다. 그래서 나는 푸껫의 한 호텔에서 또 한 명의 곤충쟁이를 말없이 기다렸다.

그런데 마냥 이렇게 기다려야 할 때는 할 일이 없다. 호텔에 큰 방을 부탁했더니 방 두 칸이 이어진 객실을 줬다. 방과 방 사이를 거닐면서 생각했다. 천천히 걸으면 생각이 더 잘된다. 그런 의미에서 나는 젊은 시절부터 소요학파●였다. 생각할 거리는 무궁무진하다.

푸껫에서는 '차이와 동일성'이라는 주제로 생각이 꼬리를 물었다. 즉

● 소요학파 : 고대 그리스 철학파의 하나로, 아리스토텔레스가 학원 안의 나무 사이를 산책하며 제자들을 가르친 데서 유래하였다.

'다르다는 것은 무엇이고 같다는 것은 무엇일까?'라는 문제다. 도대체 무엇이 같고 다름이 왜 문제가 되는 것일까? 세상에는 같은 것이 단 하나도 없다. 책상 위에 그릇이 두 개 있다면 이 둘은 다른 그릇이다. 놓인 장소가 다르니까 말이다. 그렇다면 같다는 것은 무엇일까? 세상에는 온통 다른 것뿐인데 우리가 흔히 '같다'고 말할 때는 무엇을 뜻하는 것일까?

이런 문제를 제기하면 참 할 일 없다고 면박을 주는 이도 있을 것이다. 혹은 "같든, 같지 않든 할 일만 제대로 끝내면 그만"이라고 말하는 사람도 있을 것이다. "그릇은 그릇이다. 그릇이라는 용도와 기능은 모두 동일하다", 이런 주장도 충분히 있을 수 있다. 지금 이 자리에서 논쟁할 마음은 조금도 없다. 다만 푸껫의 한 호텔에서 내가 생각한 바를 짤막하게 보고했을 따름이다.

지금 내게 중요한 사실은 아직 곤충쟁이 동료가 도착하지 않았다는 것이다. 그는 당시 태국의 어딘가를 어슬렁거렸던 것 같다. 기다리는 시간은 여유만만이다. 상대가 도착하면 그 여유에 종지부를 찍을 수 있을까? 그렇지도 않다. 이후 진짜 목적인 곤충채집을 하러 가는 일 자체가 한량의 일일 테니까 말이다. 곤충채집이라는 한가로운 일을 기다리는 동안 생각할 일은 이보다 더 한가한 것이어야 하지 않을까? 왠지 그래야만 할 것 같다. 그래서 나는 '차이와 동일성'에 대해 생각했다.

곤충쟁이 친구가 도착하기로 한 날은 크리스마스이브였다. 호텔 여직원이 옆 건물의 큰 호텔에서 만찬회가 있으니 파티 티켓을 사라고 권했다. 어차피 남아도는 게 시간이니 가보기로 했다.

푸껫에는 그곳에서 한겨울을 지내려는 유럽인이 많다. 호텔의 안내 표지판에는 독일어, 북유럽어, 네덜란드어가 춤을 춘다. 거리에 나서자 '오스트리아 요리'라고 적힌 음식점 간판이 눈에 띄었다. 유럽은 춥기 때문에 푸껫에 오면 그야말로 천국이다. 그래서 북유럽 사람들이 많은가 보다.

만찬회가 열리기 전에 야외 잔디밭에서 손님들이 가벼운 음주를 즐기고 있었다. 하지만 일본인은 보이지 않았다. 드디어 호텔 지배인이 나타나서 웃음을 뿌리고 다닌다. 내 곁에도 다가와서 "메리 크리스마스!" 하며 인사를 건넸다. 지배인의 인사에 나는 크리스천이 아니라고 대뜸 말했더니 황급히 내 곁을 떠났다. 이런 식으로 대응하는 사람은 태국인이다. 그들은 원리주의적인 이야기가 나올 것 같으면 슬그머니 꽁무니를 빼는 특징이 있다. 아마 중국과 이웃 나라이다 보니 그런 것 같다.

방콕에 태국 국왕이 가끔 찾는 절이 있다. 이 절은 화교가 돈을 모아서 세운 절이라고 했다. 이 절의 산문(山門)에 걸린 현판에는 청나라의 마지막 황제인 아이신줴뤄 푸이(愛新覺羅 溥儀)의 친필이 새겨져 있다. 절 1층 정면에 있는 제단 오른편 방에는 '중화민국 정부 기증'이라는 표시가 있는, 태국의 고궁박물원(故宮博物院)에서 보낸 선물이 전시되어 있다. 왼편에는 '중화인민공화국 정부 기증'이라는 표시가 있는 병마용(兵馬俑)이 놓여 있다. 이어 2층으로 올라가면 비로소 태국 불교의 역사가 전시되어 있다. 안내해준 태국 친구가 "바로 이것이 태국이야!" 하며 엷은 미소를 지은 기억이 난다. 반면에 일본은 태국과 비교하면 바보스러울 정도로 융통성이 없다. 그러니 역사 문제 이야기만 나오면 중국과 사사건건 언성을 높인다. 역사의 회오리바람을 함께 헤쳐온 아시아인들끼리는 사이좋게 지낼 법도 한데 실제는 그렇지 못한 것 같다. 이런 부분은 태국을 보고 일본에서 배워야 할 것이다. 그런데 일본이 가장 유념해야 할 부분은 일본 스스로 대국이라고 생각하는 바를 결코 중국에 강요해서는 안 되는 점이다. "후" 불면 쓰러질 것 같은 섬나라라고 생각하면 된다.

실제로 중국은 대국이지만 일본은 소국이다. 역사상 대일 관계가 최초로 불거진 사건은 쇼토쿠(聖德) 태자가 '해 뜨는 곳의 천자가 해가 지는 곳의 천자에게'라고 쓴 편지를 보낸 것이다. 제2차 세계대전이 발발하기 전의 역사책에서 그렇게 가르쳤다. 그때는 일본인의 자긍심을 고취하기 위해 그렇게 가르쳤지만 이후 중국과 몇 차례 분쟁을 거듭하면서 과연 무엇을 얻었단 말인가? 이 말에 중국이 으스댈지도 모른다. 그렇지만 자랑하는 상대방에게 화를 내는 일은 자신감이 없다는 증거다. 중국이 대국이라고 자랑하고 싶어하면 맘껏 자랑하라고 놔두면 된다. 정말 좋은 나라라면 국민들이 컨테이너 박스에 들어가면서까지 일본으로 밀항해 오지는 않을 것이라고 중국에 말하면 된다. 이는 말 그대로 '사실'이니까 말이다.

뒷걸음치듯 자리를 옮기는 호텔 지배인의 뒷모습을 보면서 나는 배시시 웃음이 나왔다. '역시 도망간 게 틀림없구나.' 지배인으로서는 크리스마스 파티에 모인 손님들을 위해 화기애애한 자리를 만들어주면 그뿐이다. 종교를 둘러싼 논쟁 따위에 휘둘리고 싶은 마음은 없을 것이다. 실은, 나는 태국 사람을 좋아한다. 시간이 남으니까 그냥 심술을 부렸을 따름이다.

저녁 식사 역시 야외 정원에 수많은 테이블을 마련해놓고 준비를 했다.

뷔페 스타일이라서 마음이 편했다. 정면 무대에서는 여흥으로 경품 잔치를 했는데, 영어로 진행했다. 아무리 국제화 시대라고는 해도 푸껫에서 보니 일본은 완전히 시골이다. 일본이 시골이든 아니든 아무 상관없다. 그저 푸껫에서는 푸껫 식으로 즐기면 된다.

저녁 식사가 한창 무르익을 즈음, 곤충쟁이 친구가 도착했다. 배가 고프다고 해서 묵고 있던 호텔로 돌아가서 호텔 식당에서 식사를 하게 했다. 우리 말고는 식당에 손님이 없었다. 모든 투숙객들이 이웃 호텔 파티에 갔으니 당연히 손님이 없을 수밖에. 나는 텅 빈 식당을 보면서 이 호텔 사장과 옆 호텔 사장이 같은 사람일 거라고 확신했다.

푸껫 섬은 거대한 리조트 같지만 어엿한 국립공원이기도 하다. 게다가 섬에는 숲이 남아 있다. 그 숲에서 곤충을 잡았다. 섬을 조금만 벗어나도 해발고도가 낮은 곳에는 산림이 남아 있다.

푸껫에 곤충채집을 하러 온 이유는 이곳이 원난, 베트남에서 이어지는 산자락의 끝이 바다로 떨어지는 지역이기 때문이다. 푸껫에서 더 내려가면 말레이반도가 나오는데 해면이 상승하면 말레이반도는 아시아 대륙에서 떨어져 나가 섬이 될 것이다. 장차 지리적으로 다른 세상이 될 테니까 양쪽 경계에서 무슨 일이 일어나고 있는지 그것을 알고 싶었다. 바로 이것이 내가 푸껫을 찾은 진짜 이유다.

이 이유를 듣고 나를 팔자 편한 사람이라고 생각하는 사람이 있을지도 모르겠다.

당신도 '인내회' 회원입니까

푸껫에서 돌아온 지 얼마 지나지 않은 새해 초, 한 통의 전화가 걸려 왔다. 전화를 건 지인은 나가노(長野) 현 다나카 야스오(田中康夫) 지사의 부탁으로 전화를 걸었다고 했다. 그는 나가노 현에서 계획 중인 '어린이 미래 센터' 검토위원회에 참석해주었으면 하고 청을 해왔다. 특별히 마다할 이유가 없었다. 그렇다고 꼭 참석해야 할 이유도 없었지만, 이런 상황에 놓이면 싫다고 하지 못하는 성격 때문에 허락을 했다. 거절을 못 하는 성격 탓에 1년 365일 고생하지만 후회보다는 기쁨이 더 크다.

나는 나가노 현 사람이 아니다. 그렇다고 나가노 현과 전혀 관계가 없는 것도 아니다. 나가노 현은 일본에서 가장 다양한 종류의 나비가 서식하는 지방이다. 나비뿐 아니라 온갖 곤충이 많다.

중학교 여름방학 때였던 것 같다. 친구와 둘이서 기차를 타고 나가노 현의 소도시인 시모스와(下諏訪)로 여행을 간 적이 있다. 그곳에는 당시 어머니의 친척 분이 살고 계셨다. 친구와 나는 일단 시모스와에 짐을 풀고 기리가미네(霧ヶ峰) 산과 우츠쿠시가하라(美ヶ原) 고원으로 곤충을 잡으러 갔다. 그때 잡은 곤충 가운데 일부는 아직도 표본을 간직하고 있다. 벌써 50년 전의 일이다. 산에는 평지와는 전혀 다른 곤충이 산다. 내가 태어나서 처음으로 산지 곤충을 채집한 곳이 바로 기리가미네 산이다. 그러니 '나가노' 하면 떠오르는 추억을 품고 있는 것이다.

50년 전 달렸던 기차는 매연이 아주 심했다. 그때는 여름방학이라 무척 무더웠다. 더우니까 창문을 열었는데 창문을 열면 터널에서 매연이 들어왔다. 매캐한 연기 때문에 바로 창문을 닫을 수밖에 없었다. 냉난방이 완벽한 초현대식 기차로 이동하는 요즘 젊은이들에게는 좀처럼 상상하기 어려운 상황일 것이다. 이런 이야기를 하자니 내가 정말 나이 많은 노인네라는 사실을 실감한다.

나이 든 티를 낸 김에 좀 더 이야기하면, 당시 열차는 혼잡해서 앉을 좌석이 없었다. 그래서 통로에 짐을 두고 바닥에 털썩 주저앉은 채 목적지까지 간 기억이 난다. 내 옆에서 깜박 졸다가 미처 내리지 못한 어떤 아저씨는 움직이는 열차에서 서둘러 내리려다가 그만 겹겹이 쌓인 화물에 발이 걸려 플랫폼으로 그대로 미끄러졌다. 아마도 그 아저씨는 크게 다쳤을 것이다. 이렇듯 당시의 여행은 크고 작은 위험이 도사리고 있었다.

시모스와에서는 밤이 되면 영화를 보러 갔다. 다다미 위에 앉아서 영화를 보곤 했다. 그때만 해도 그곳은 시골 분위기가 흠씬 풍겼다. 당시 가마쿠라에는 '시민 극장'이라는 영화관이 있었다. 영화관이라고는 해도 번듯한 극장이 아닌 노천극장이었다. 길게 열 맞춰 놓은 의자에 앉아 야외에서 영화를 보았다. 오늘날의 드라이브인 극장(Drive-in theater)에 빗대어 말한다면, 워크인 극장(Walk-in theater)이라고나 할까? 영화 상영 중에 비가 내리면 표를 나눠주었다. 그러면 관람객들은 자리에서 일어나 비를 피하고 날씨 좋은 날 그 표를 들고 다시 영화관을 방문했다. 나무 위에 올라가 영화를 훔쳐보는 사람들도 있었다. 내게는 아스라한 추억이지만, 이런 감상도 내가 나이를 많이 먹었다는 증거다.

현재 나가노 현과 나의 관계를 말하면 나는 다테시나(蓼科)에 있는 리조트 회원이다. 그러니 나가노 현 지노(茅野) 시에 약간의 지방세를 납부하고 있는 셈이다. 가끔 이곳에 곤충을 잡으러 간다. 리조트 주변은 겨울에 가면 민둥산처럼 보이지만 새순이 돋아나기 시작하면 훌륭한 채집지로 변신한다. 6월부터는 수많은 곤충을 잡을 수 있다. 가마쿠라 같은 평지에서는 구경하기 힘든 곤충이 많아서 이곳을 즐겨 찾는다. 그런데 자주 갈 만한 여유가 없다. 가족들의 성화만 아니라면 나가노로 이사하면 참 좋겠다.

첫 위원회는 도쿄에서 열렸다. '나가노 현 위원회이니 나가노에서 할 테지, 그럼 위원회를 핑계로 곤충을 잡으러 가야겠다'고 생각했는데 느닷없이 도쿄라니……. 곤충은커녕 사람만 득실거렸다.

그 첫 위원회에 다나카 지사는 아프다는 이유로 불참했다. 병세가 악화

되어 세상을 떠난다면 지사가 바뀐다. 그러면 위원회는 물 건너간다. 그렇게 되면 편하겠다고 생각했는데, 오호라 다나카 씨는 아직 젊다. 두 번째 위원회에서는 혈기왕성한 얼굴을 보여주었다. 덕분에 '어린이 미래 센터'라는 영문도 모르는 짐을 떠안게 되었다.

나가노 현 이나(伊那)의 미나미미노와무라(南箕輪村)라는 마을이 센터 후보지다. 현지를 직접 봐야 하기 때문에 5월 중순에 방문했다. 이곳은 소나무 조림지인데, 원래는 목초지였다고 한다. 몇 십 년 동안 자라난 소나무를 일부 베어내고 센터를 지을 부지를 조성했다. 이런 곳에는 곤충이 별로 없다. 하지만 소나무 줄기를 보니 구멍이 몇 개 눈에 띄었다. 하늘소 둥지가 틀림없다. 하늘소가 아니더라도 분명 곤충이 자리 잡고 있으리라.

후보지를 둘러본 후 다나카 지사를 만났다. 개인적인 친분이 없었으니 직접 대면한 것은 처음이었다. 언론에서 본 다나카 지사는 독특한 어조로 관료를 비판했다. 표현이 기가 막혔다. 앞으로 정치가가 되려면 이런 훌륭한 표현력이 꼭 필요할 것이라는 생각을 보는 내내 했다. 리더가 표현력이 있다면 그 밑에서 일하는 사람은 말솜씨가 없어도 괜찮다. 묵묵히 일만 하면 될 테니까 말이다. 오히려 이런 성실한 모습은 관료의 이미지를 확 바꿔준다. 그런데 지금까지 왜 이런 모습을 보여주지 않았을까? 이 점이 의심스럽다. 그리고 보니 "저 녀석은 말만 번지르르해!"라는 표현은 일본에서는 험담으로 통한다.

"신문에서는 나를 '히틀러'라고 부르죠. 난 이탈리아를 좋아하고 또 뚱뚱하니까 '무솔리니'라고 불러주면 좋으련만."

다나카 지사는 이렇게 말했다. 지사는 잘못이 없다. 종래 토건 행정이 이상했다. 이는 누구나 알고 있는 사실이니, 오늘날 정치판에 지각변동이 생기는 것이다. 즉 옛것, 이른바 구닥다리가 변하고 있는 것이다. 그렇다면 구닥다리란 무엇인가? 쉽게 말해 조직에 의존하는 일이라고 볼 수 있다.

고이즈미(小泉) 총리가 파벌을 무시하는 것도 나름 이유가 있다. 일본 회사는 일본형 조직이다. 곧 회사도 일본이라는 세상 속에 속한 조직인 것이다. 파벌이 작은 세상이라면, 회사도 작은 세상이다. 그런 작은 세상이 모여서 일본이라는 사회를 만든다. 그 세상의 암묵적인 규칙을 나는 몇 번인가 지적했다. 대부분은 이 규칙을 의식하는 것을 달가워하지 않는다. 그도 그럴 것이 세상 사람들의 70퍼센트 이상이 직장인이기 때문이다. 즉 조직인이라는 뜻이다. 조직인은 조직의 암묵적인 규칙에 따라야 한다. 대신 인사와 생활의 안정을 보장받는다. 따라서 조직인은 이러한 평온을 파괴하고 싶지 않은 것이다.

나는 조직을 '인내회'라고 논한 적도 있다. 자신을 버리고 인내한다. 이렇게 해서 자신이 속한 작은 세상을 살린다. 이것이 회사를 위하고 파벌을 위하고, 결국 세상을 위하고 사람을 위하는 길이라고 생각한다. 그런데 문제는 자신이 참았던 만큼 타인에게도 참아야 한다고 강요한다는 사실이다. 인간은 그렇게 생각하는 동물이다. 주위에 참지 않는 사람이 있으면 그 사실을 참을 수 없다. 인내하지 않는 타인에게 울분을 터뜨리는 이유는 자신이 무엇을 위해 참아왔는지 모르기 때문이다. 그래서 조직에 순응하지 않는 사람을 보면 '제멋대로인 이기주의자'라며 홀대한다.

일본이라는 세상에 속한 사람들은 모두 '인내회' 회원이다. 간혹 '인내회'에 속하지 않은 개인이 곤충을 잡으러 간다고 하면 "좋겠네요" 하며 부러워한다. 모두가 참고 인내하면서 정작 자신이 하고 싶은 일을 못 하고 산다는 뜻이다. "그럼, 하고 싶은 일을 하면 되잖아요?" 하고 물으면 "당신은 하고 싶은 일을 할 수 있으니까 좋겠어요"라는 대답이 돌아온다. 할 수 있는 것도 할 수 없는 것도, 시도하지 않으면 아무것도 할 수 없다. 스스로 할 수 없다고 왜 지레짐작할까? 그 이유를 모르겠다.

주위를 살펴보면 나 같은 곤충쟁이들이 많다. 평생 말단 경찰로 지내면서 곤충을 잡으러 다니는 곤충쟁이를 앞에서 소개했다. 정말 하고 싶은 일이 있으면 하면 된다. 이것이 개인이 사는 길이다. 그런 의미에서 다나카 씨를 응원하는 사람은 개인이다. 설령 작은 세상에 철저하게 얽매인 사람이라도 그 사람의 일부는 분명 개인이다. 그 개인의 일부가 "다나카, 확실하게 본때를 보여줘!" 하며 응원한다.

인간은 '예스'와 '노'를 칼로 베듯 단정 지을 수 없다. 다수결이란 이러한 인간의 특성을 거꾸로 이용하는 훌륭한 도구다. 예를 들어 자신의 내부에 다나카 지지도가 40퍼센트인 사람의 견해는 투표수가 많아지면 수포로 돌아가지 않는다. 왜냐하면 다나카 지지도가 60퍼센트인 사람과 합쳐져서 분명 한 표가 되기 때문이다. 물론 이때 반대파에도 한 표가 돌아가겠지만 말이다. 다시 말해 개인의 일부 견해라도 수가 많아지면 분명 전체에 영향을 끼치기 마련이다.

외국에서 기초과학을
빌려와야만 하는 이유

나는 매일매일이 바쁘다. 택시를 타고 가다가 기사 아저씨한테 바쁘다고 푸념하면 "요즘 같은 불경기에 좋으시겠구먼요" 하는 대답이 돌아온다. 언제나 그랬듯이 내가 바쁜 거하고 경기는 아무런 관계가 없다.

해부학 교실에서 일할 때 바빴던 까닭은 죽는 사람이 많았기 때문이다. 지금은 곤충을 잡으러 사방팔방 뛰어다닌다. 그래서 바쁘다. 이는 세상이나 타인을 위해, 오늘이나 내일까지 꼭 마무리해야 하는 업무가 아니다. 그러니 돈이 될 리 없다. 사람들은 경기가 안 좋다고 난리지만 나는 늘 불경기였다.

일본에서는 5월에서 7월 말까지가 곤충의 계절이다. 8월에는 이미 가을의 문턱에 접어들기 때문에 특수한 종을 제외하면 내가 쫓아다니는 갑충의 성충을 구경하기 힘들다. 매미와는 다르다. 요즘은 짬만 나면 여기저기 돌아다니는 게 하루 일과가 돼버렸다. 일본에 분포하고 있는 곤충을 모아야 하기 때문이다.

내가 곤충을 잡으러 다닌다고 해도 일본에 서식하는 모든 갑충을 채집할 수는 없는 노릇이다. 시간만 허락한다면 그렇게 하고 싶지만 지금은 특정한 갑충을 찾아다니고 있다. 일본 각지에서 변이가 생겨나 지역에 따라 변화하는 종류를 조사하고 있다. 이 사례에 딱 들어맞는 곤충으로는 딱정벌렛과가 유명하다. 이것도 곤충 이야기에 속하는 부분이니 아는 사람만 알 것이다.

일본에 서식하는 딱정벌렛과를 찾아보면 몇몇의 모둠으로 나뉘는 사실을 알 수 있다. 그런데 그 곤충의 모둠과 일본의 지리 환경이 서로 밀접한 관련이 있는 점은 참으로 흥미롭다. 약 천만 년 전, 지금처럼 일본이 하나의 열도로 모양을 갖추기 전에는 각각 따로 떨어진 섬이었다. 말하자면 일본의 혼슈(本州)는 몇몇 섬들이 합쳐진 섬인데 곤충의 분포도에 이러한 일본의 역사가 고스란히 새겨져 있다.

딱정벌레목 딱정벌렛과 곤충들은 대개 날지 못한다. 곤충인데도 날지 못하는 이유는 무엇일까? 곤충의 날개는 모두 네 장이다. 앞날개와 뒷날개가 각각 한 쌍씩 있는데 갑충, 그러니까 딱정벌레목의 경우 앞날개는 딱딱한 키틴질로 덮여 있고, 뒷날개만 여느 곤충들처럼 평범하다. 딱딱한 날개인 딱지날개를 가졌다고 해서 갑충을 딱정벌레목이라고 부르는 것이다.

그런데 딱정벌렛과 곤충들은 딱지날개는 있지만 뒷날개가 퇴화했다.

이런 갑충이 적지 않다. 뒷날개가 퇴화해서 날지 못하는 갑충은 겉모양으로 알아볼 수 있다. 딱지날개의 어깨에 해당하는 부분이 봉긋 솟아오르지 않았다. 말하자면 부드럽게 떨어지는 듯 납작한 어깨를 가진 갑충은 날지 못한다. 딱정벌렛과 가운데 곤봉딱정벌레가 대표적인 예다. 이 곤충은 어깨가 없다. 옆에서 보면 가슴에서 딱지날개로 부드럽게 이어져 있다.

날지 못하는 곤충은 대개 지역에 따른 변이가 큰 편이다. 멀리 이동할 수 없기 때문에 한 지역에만 고립되기 쉽다. 이렇게 지리적 장벽을 넘기 어려운 탓에 교미가 가능한 좁은 영역 안에서 유전적으로 지역 집단을 이루고 다른 지역 집단과는 분리된다. 쉽게 말하면, 같은 종이라도 지역에 따라 색깔과 모양이 조금씩 달라진다. 또 날 수 있는 곤충이라도 멀리 이동하지 못하는 곤충에게도 마찬가지 일이 일어난다. 지금 내가 조사하고 있는 바구미 친구들도 딱정벌레와 마찬가지로 지역에 따른 변이가 큰 편이다. 크기가 1센티미터 내외의 작은 곤충이라서 이동에 한계가 있다.

반면 이동성이 큰 곤충으로는 왕나비가 있다. 왕나비를 잡은 어떤 사람이 날개에 표시를 한 뒤 다시 풀어주는 방식으로 조사를 한 적이 있다. 이렇게 하면 나비를 다시 잡았을 때 어디에서 왔는지 알 수 있다. 이 조사 결과 오키나와에서 도쿄까지 날아온 개체가 있음을 알았다. 이런 곤충은 특이한 지역 집단이 생기기 어렵다.

신기하게도 딱정벌레나 바구미의 서식지를 보면, 일본을 크게 나눈 지역 경계선과 거의 일치한다. 일본 지도상에 홋카이도(北海道), 도호쿠(東北), 간토(關東), 주부(中部), 기이(紀伊), 주고쿠(中國), 시코쿠(四國), 규슈(九州) 등의 지역 경계선과 일치하는 것이다.

일본의 지형을 구분할 때, 지질학에서는 '이토이가와-시즈오카 구조선'을 언급하는데 이 단층선이 혼슈 중부를 남북으로 가르고, 혼슈는 이 구조선에서 구부러진다. 이 경계선에서 동쪽 방향이 간토, 서쪽은 주부라고 보면 된다. 물론 곤충 분포에 따라 경계를 지을 때의 이야기다. 한편 기이반도는 독립적인 성향이 강한데 주부와의 경계가 아리송하다. 동으로는 스즈카(鈴鹿) 산맥 근처가 경계가 될 듯하다. 북으로는 비와(琵琶) 호 주변이 기이와 주부, 그리고 주고쿠의 경계를 이룬다.

지금 내가 조사하고 있는 바구미 가운데 '녹색가루바구미속'이라는 모둠은 일본에 모두 14종류가 서식하고 있는 것으로 알려져 있다. 이들은 딱정벌렛과 마찬가지로 지역에 따른 변이를 일으킨다. 이런 변이를 감안하면 바구미와 딱정벌레 모두 더 세분화된 지역 변이가 있으리라고 예측할 수 있다.

간토 지방을 예로 든다면, 하코네와 이즈는 서로 인접한 지역이지만 서식하는 곤충의 종류가 다르다. 이 두 지역에서 잡히는 녹색가루바구미 친구들은 대개 두 종류다. 그런데 하코네와 이즈에서는 각각 다른 두 가지 곤충이 잡힌다. 이즈에서 잡히는 곤충은 하코네에서 구경할 수 없고 하코네에서 잡히는 곤충은 이즈에서 구경할 수 없다. 이런 현상을 접하면 누구든지 "왜?"라는 의문을 품게 된다. 지질학을 참조하면 이즈반도, 곧 아마기(天城) 산이 예전에 섬이었던 사실을 알 수 있다. 이즈오시마(伊豆大島) 섬처럼 독립된 섬이 혼슈로 붙었다는 것이다. 그렇다면 이런 태초의 지리 환경이 이유일까?

고등학교 때, 하코네와 이즈 근처로 딱정벌레를 채집하러 다닌 적이 있다. 당시 하코네에서 쉽게 볼 수 있는 딱정벌렛과의 하나인 큰검정딱정벌레를 이즈에서는 구경하기 힘들다는 사실이 호기심을 자극했다. 요컨대 이즈에는 큰검정딱정벌레가 없었다.

그런데 이 '없다'를 증명하기가 참 어렵다. 사실 논리적으로는 증명이 불가능하다. 아무리 철저하게 찾아봐도 "정말 다 찾아봤나요? 당신의 조사 방법이 완벽합니까?" 하는 의심의 눈초리에서 벗어나기 힘들다. 아니, 타인 이전에 스스로 자신의 조사를 의심한다. 그러니 '없다'는 것은 어디까지나 가정하에 내린 결론이다.

곱씹어보면 자연과학에서 내세우는 언명, 곧 경험과학적인 언명은 항상 잠정적인 결론에 불과하다. 이를 처음 서술한 학자가 과학철학자 칼 포퍼(Karl Popper)다. 수학적 언명은 전제를 인정하는 한 항상 참이다. 그러나 지구에서 달까지의 거리가 30만 킬로미터라는 지식은 측정법이 바뀌면 세세한 수치가 변한다. 이뿐만이 아니다. 수학자 브누아 만델브로(Benoît Mandelbrot)가 지적했듯이 영국의 해안선처럼 측정하는 자의 단위에 따라서 길이가 변하는 일도 있다. 영국의 해안선은 프랙털*이라서 길이 따위는 없다고 말해도 무방하다.

● 프랙털(fractal) : 임의의 한 부분이 전체의 형태와 닮은 도형. 만델브로가 제시한 것으로, 컴퓨터 그래픽 분야에 널리 응용되며 자연계에서는 구름 모양이나 해안선에서 볼 수 있다.

논리야 어떻든 없는 것은 없다. 녹색가루바구미속에 속하는 개체 가운데 이즈에는 있지만 하코네에는 없는 곤충이 있다. 그런데 이렇게 단정 짓기 힘들게 하는 자료가 있다. 메이지 시대에 일본에 왔다 간 영국인의 자료에는, 이즈에 있는 곤충의 한 종이 하코네에 있다고 기록되어 있다.

이쯤 되면, 옛날에는 있었던 곤충이 환경이 변해서 지금은 없어졌다는 가설이 성립한다. 그러면 좀 더 샅샅이 뒤져봐야 한다는 결론에 이른다. 즉 결정적인 결론을 내리기 위해서는 이즈와 하코네를 오가면서 철저하게 곤충을 잡아야 한다. "죽기 살기로 모아보았지만 역시 없었다"고 말하려면 한 마리라도 더 잡아야 한다. 그래서 이런 조사를 시작하면 하루하루가 바쁘다. 사실은 이즈와 하코네뿐만 아니라 일본 전 지역에 비슷한 문제가 있어 여기에서 일일이 말하기도 힘들다.

대개 사람들은 이쯤에서 이렇게 반성한다.

'내가 지금 뭔 짓을 하는 거지? 그래봤자 벌레인데.'

덴마크의 천문학자 튀코 브라헤(Tycho Brahe)가 16년 동안 화성을 관찰한 기록이 그 유명한 '케플러(Kepler) 법칙'의 토대가 되었다는 사실을 아는가? 그런 전통이 없는 사회에서 조사의 의미를 설명하기란 참 어려운 일이다.

브라헤는 화성만 보았지만 브라헤가 쌓아놓은 기초가 없었다면 위대한 천문학자 케플러는 탄생할 수 없었을 것이다. 케플러가 없었다면 천문학 역시 존재하지 않았을 것이다. 따라서 일본은 기초과학을 외국에서 빌려올 수밖에 없는 것이다.

곤충의 눈으로 환경문제를 바라보다

환경문제는 두 가지 관점에서 바라볼 수 있다. 하나는 경제라는 관점이고, 또 하나는 자연이라는 관점이다. 이 두 가지 관점을 어떻게 절충할 것인지는 아직 해답을 찾지 못했다. 평소 내가 생각하는 해법은 양쪽의 교통정리다.

원시사회에서는 경제와 자연이 서로 분리되어 있지 않았다. 사회는 자연 속에 파묻혀 있었다. 인간 사회는 분명 존재하지만, 나무뿌리와 대지의 관계처럼 인간 사회와 자연은 따로 떨어져 있지 않고 서로 섞여 있었다.

자연과 경제가 함께하는 사회에서는 대개 옷을 입지 않는다. 무릇 옷이란, 몸이라는 자연을 사회라는 인공 혹은 '마음'에서 격리하는 장치이기 때문이다. 인간 사회가 자연과 완전하게 섞여 있다면 몸이라는 '내재된 자연'을 굳이 사회와 떼어놓을 필요가 없다. 몸은 외부의 자연과 그대로 이어지기 때문에 특별히 다를 것도 없고 그저 숲에서 나무가 자라고 들판에서 풀이 자라는 것처럼 자연의 일부인 것이다.

그런데 도시화가 진행되면서 사회와 자연이 서로 멀리 떨어지기 시작했다. 도시 주변을 에워싸는 성벽은 외부의 자연에서 도시를 따로 떼어내고자 하는 명확한 의사표시이자 구체적인 경계이기도 하다. 이런 도시 안에서는 의복 착용이 강요된다. 도시란 그 내부에 자연물이 존재하지 않는 영역이라고 정의할 수 있기 때문이다.

유감스럽게도 아무리 자연을 배제한다 해도 몸을 배제할 수는 없다. 따라서 도시는 의복 안에 있는 자연을 관리할 책임을 옷을 입은 당사자에게 부과한다. 내재된 자연, 곧 몸을 관리하는 것은 질병과 같은 예외를 제외하면 모두 본인의 몫이다. 그렇기 때문에 사람들 앞에 나체로 서면 안 된다. 하지만 알몸 상태가 어떤 모습이든 개인이 책임을 질 이유는 없다. 다리에 털이 나라고 부채질해서 털이 난 게 아니다. 일부러 의도해서 몸에 털이 나도록 만든 것도 아닌데 왜 자신이 책임을 져야 한단 말인가! 만약 알몸이 맘에 들지 않는다면 신한테 투정을 부려야 하지 않을까?

나는 이렇게 소리 높여 말하지만 보통 사람들은 이런 불평불만을 늘어놓지 않는다. '몸이라는 자연을 관리할 책임은 저에게 있습니다'라는 계약서에 도장을 꽝 찍었기 때문이다. 나는 그런 계약서에 도장을 찍은 기억이 없다. 물론 그런 기억이 있다는 사람을 만난 적도 없다. 이는 암묵적인 계약서로, 이러한 암묵의 도장은 얼마든지 있다.

특히 도시적 관점에서 유감스러운 부분은 의복의 주인공이 관리할 수 없는 자연현상이 몸에 보편적으로 발생한다는 점이다. 바로 생로병사다. 태어나서 나이를 먹고 병들어 죽는 일, 이는 개인이 어쩔 수 없는 영역이다. 생로병사는 예고 없이 누구에게나 찾아오기 때문이다. 그래서 생로병사는 사회적 관리 대상이 된다. 이 관리자가 바로 현대의학이다.

즉 현대의학은 환경문제와 그 뿌리가 같은 동일한 문제지만 이렇게 말하는 사람을 지금까지 본 적이 없다. 가끔 학생들에게 이야기를 들려주면 알 듯 모를 듯한 표정으로 내가 하는 얘기만 듣는다. '뭔가 불편한 이론을 말하는 것 같아' 하는 표정을 지으며 별 관심이 없어 한다.

"모두가 옷을 입고 있으니까 그냥 걸치면 되는 거죠. 그걸 꼭 조목조목 따져서 이유를 밝혀야 하나요? 인생이 얼마나 길다고 그런 데까지 신경을 쓰나요?"

대부분의 사람들이 이렇게 생각할 것이다.

모리(森) 내각 시절, '환(環) 국가 만들기' 회의를 개최했다. 각료 전원과 일반인 열 명 정도가 모여서 일본 환경성의 기본 방침과 관련된 문서를 만들기로 한 것이다. 나도 일반인의 한 사람으로 참가했다. 몇 차례 모임이 있었는데 이후 고이즈미 내각으로 바뀌면서 얼마 뒤 작업이 끝났다. 그런데 이 회의에서도 경제와 자연이라는 두 가지 창이 분명하게 드러났다. 나는 위원들 중 80퍼센트가 경제, 나머지 20퍼센트가 자연 쪽이라고 생각했다. 각료는 정치가니까 기본적으로 경제 쪽이다. 이는 적군과 아군의 문제도 아니고 이해관계와 관련된 문제도 아니다. 기본적인 사고방식의 차이다.

의료와 견주어 말하면 훨씬 이해하기 쉬울 것이다. 환경문제는 사회의 의료 문제와 일치한다. 탄산가스 문제 같은 장기적인 환경문제는 개인으로 말하자면 생활 습관병이다.

"생활 습관을 바꾸지 않고 지금처럼 생활하면 당뇨병과 관련된 여러 증상이 나타날 겁니다. 눈이 잘 보이지 않을 테고, 손발도 말을 듣지 않을 테죠. 상황이 이쯤 되면 이미 늦은 거고요."

의사의 이런 조언을 듣자마자 생활 습관을 바로잡는 환자는 드물다. '오늘 밤 회식은 어쩌지? 오늘 뭘 먹는다고 해서 당장 어떻게 되겠어? 내일부터 실천하지 뭐'라고 생각하기 쉽다.

오늘날의 환경문제가 바로 이런 상황에 처해 있다고 나는 생각한다. 개인도 생활 습관을 하루아침에 고치기는 어렵다. 이는 철학자 미셸 몽테뉴(Michel Montaigne)가 말한 "습관은 왕이다"라는 말에 잘 드러난다. 잘못된 습관을 통해 얻을 수 있는 것은 아무것도 없다. 환자는 일반 사회에서 그저 보통 사람이다. 그 사람의 행동은 사회 속 활동으로 규정할 수 있다. 생활 습관병을 고치려면 이런 활동을 바꾸어야만 한다. 그런데 증상이 비교적 가벼울 때는 설득하기가 쉽지 않다. 누구나 자신의 활동을 바꾸기란 쉽지 않은 일이다. 그도 그럴 것이, 사회적 활동이란 인생 그 자체인 경우가 많기 때문이다. 좀 심하게 말하면, 아프거나 참기 어려운 증상이 나타날 때면 이미 저승길이 코앞인 것이다. 의사의 이야기에 귀가 쫑긋해질 때면 그때는 이미 늦었다. 바로 이것이 환경문제다.

그렇다면 경제파와 자연파의 차이는 무엇일까? 물론 이런 파벌이 존재하는 것은 아니다. 어디까지나 비유다. 경제냐 자연이냐의 이분법은 "인간은 마음이냐, 몸이냐"를 묻는 것과 같다. 나는 신체파지만 대개는 마음파다.

마음파가 대다수인 이유는 사회를 중시하기 때문이다. 특히 1945년 이후에는 마음파가 압도적으로 늘어났다. 체벌 금지가 단적인 예다. 체벌을 이론적으로 옹호할 수는 없다. 왜냐하면 체벌은 의식적인 행동이 아니기 때문이다. 담배를 옹호하기 어려운 것과 마찬가지다. 무의식이 강요하는 일을 의식이 부정하는 시대를 우리는 만들고 있다. 여기에 반기를 드는 것이 바로 몸이다.

나치 치하에서 300만 명의 유대인이 왜 희생당해야만 했을까? 이 문제는 나 자신에게 던진 질문이었다. 오사카의 한 초등학교에서 어린이 여덟 명이 식칼을 든 괴한에게 무참히 살해당했다. 악인은 나치이자 괴한이다. 오사카 괴한은 스스로 자신의 잘못을 인정하고 빨리 사형시켜 달라고 했다고 한다.

안네 프랑크(Anne Frank)는 죽었고 안네의 아버지는 살았다. 강제수용소에서 살아 돌아온 한 심리학자는 "안네의 아버지는 잘못했다"고 말한다. 결론부터 말하면, 밀고한 상대방을 '좋게' 생각한 것이 화근이었다고 심리학자는 말했다. 모든 걸 '좋게 좋게' 생각하다 보니 가족을 다른 곳으로 피신시킬 기회를 놓치고 만 것이다. 상대를 '좋게' 생각하는 것은 선의다. 하지만 지옥으로 향하는 길은 선의로 포장되어 있었다.

우리 세대가 아이였을 때 만약 식칼을 든 괴한을 만났다면 분명 거미 새끼가 흩어지듯 뿔뿔이 도망갔을 것이다. 하지만 요즘 아이들은 이렇게 도망치지 못하는 것 같다. 도망가지 못하는 아이들, 희생양이 된 대중들은 모두 도시의 산물이다. 유대인이 도시인이라는 사실은 알고 있으리라.

생활 습관을 바꾸지 못한다는 것은 마음이 몸을 바꿀 수 없다는 이야기와 상통한다. 바꾸려고 해도 그럴 만한 체력이 뒷받침되지 않는 것이다. 이를 의학에서는 이미 때를 놓쳤다고 표현한다. 수술하면 분명 좋아지지만 환자가 수술에 견딜 만한 체력이 있는지 없는지가 염려스러운 것이다. 그렇다면 결론은 단 하나다. 필요한 것은 체력, 곧 국민의 힘이다. 그 국민이 체력이 없다는 이야기를 듣고도 계속해서 뒷짐만 지고 있다면 희생양이 될 날만 손꼽아 기다리는 거나 마찬가지가 아닐까?

철부지 계집애와 책임감 있는 어른

극히 대략적인 분류겠지만, 환경문제를 바라보는 사람들의 태도는 크게 두 가지로 나눌 수 있다. 현대의 다수파는 이성파다. 이성파 대신 인공파라고 불러도 좋다. 이성파, 인공파는 머리로 생각해서 논리적인 방법과 해답을 도출하고자 한다. 또 하나는 자연파다. 악착같이 매달리지도 않고 그렇다고 포기하거나 체념하지도 않는다. 그저 물 흐르는 대로 흘러가려고 한다. 머리 싸매고 생각한다고 해서 최고의 해답을 내놓으리라는 법은 없을 테니까 말이다.

이는 인간의 분류가 아니다. 이성파와 자연파라는 두 종류의 인간이 존재하는 것이 아니다. 인간은 대상이나 문제에 따라 동일한 인물이 다른 태도를 취하기도 하므로, 말하자면 태도의 분류라고 말해도 무방하다. 업무를 처리할 때는 철저한 이성파지만 가정에서는 자연파로 변신한다. 대부분 사람들이 이에 속한다.

궁극적으로 이 문제는 뇌의 어느 부위를 사용하느냐의 문제로 귀결된다. 예를 들어 좌뇌를 앞세우면 세세하게 생각해서 이치에 합당한 해답이 나오고, 우뇌를 앞세워서 생각하면 전체적인 이미지와 조화를 보게 된다. 따라서 이성파와 자연파로 나뉘는 것이다. 뇌는 한쪽만 움직이는 것이 아니기 때문에 대개 좌뇌와 우뇌의 협력으로 세세한 논리에도 합당할 뿐만 아니라 전체적인 균형도 갖춘 가장 합리적인 해답을 도출하기도 한다. 그런데 한쪽 뇌가 제대로 기능을 발휘하지 못하는 질병에 걸렸다면 어떻게 될까?

전체를 판단하는 우뇌의 기능을 상실한 환자는 간혹 '질병 부인'이라는 기묘한 증상을 보일 때가 있다. 우뇌가 손상되면 보통 좌반신이 마비되는데 '질병 부인' 증상을 보이는 환자는 자신의 마비를 인정하지 않는다. 손뼉을 처보라는 의사의 지시에 한쪽 손을 흔들면서 양손을 흔들었다고 고집을 피운다. 이때 고집을 피우며 버티게 만드는 것은 좌뇌다.

이런 환자는 전체 상황이 어떠하든 이를 무시하고 막무가내로 이론만 내세운다. 이를 '좌뇌 증상'이라고 하는데, 관료들이 종종 이 증상에 빠진다. 좌뇌 증상을 보이는 환자에게 외이도에 냉수를 주입하는 처치를 하면 일시적이지만 '질병 부인' 증상이 사라진다. 이때 의사가 손뼉을 쳐보라고 말하면 환자는 이렇게 대답한다.

"선생님, 저는 왼손이 마비되었어요. 그런데 마비된 손을 어떻게 흔들라고 하십니까?"

'나는 언제나 나다. 그러니 내 생각과 주장은 늘 일치해야 하고 항상 똑같아야 한다', 혹시 이렇게 생각하는 사람이 있다면 뇌를 공부해보라고 강력히 권하고 싶다. 자기 자신조차 자세히 뜯어보면 들쑥날쑥 제멋대로일 테니까 말이다.

'아냐, 그럴 리 없어. 난 언제나 나야. 항상 똑같아' 라고 우기는 것은 어쩌면 좌뇌에 깜박 속아서 그런지도 모른다. 의식적인 언어는 대개 좌뇌가 관장하기 때문이다. 하지만 뇌는 좌뇌만 있는 게 아니다.

사람들은 종종 성격이 밝다거나 어둡다는 이야기를 한다. 이것도 마찬가지다. 조울증이라는 질병을 떠올리면 기분이 들뜨는 조증과 기분이 가라앉는 울증 상태가 한 개인에게 항상 고정된 감정으로 존재하지 않는 사실을 알 수 있다. 조증 상태와 울증 상태라는 두 가지 상반된 감정이 한 인간 속에 시기를 바꿔가며 동거하고 있는 것이다. 동일한 인물이 까르르 웃다가 반대로 엉엉 울기도 한다. 이만큼 개인의 감정은 그 폭이 넓다. 평범한 상태란 조 상태와 울 상태의 양극단이 아닌, 그 중간쯤에 있는 상태에 불과하다.

사회에는 다양한 인간이 살고 있다. 그래서 '사람에 따라서' 의견이 다르다. 그렇게 생각하는 편이 훨씬 이해하기 쉬울 것이다. 그러나 단순히 '사람에 따라서' 의견이 다른 것이 아닐지도 모른다. 같은 사람이라도 시기나 문제에 따라 생각과 주장이 달라지기 때문이다. 이러한 차이는 조증과 울증처럼 같은 인물 안에 존재할 수 있다.

우리는 '내 의견'이라고 말하면서 의견을 번복하길 꺼린다. 여기에서 더 나아가 '절대 바꾸면 안 된다'고 생각하는지도 모른다. 어쩌면 이러한 분위기 속에서 '의견은 한 사람에 하나씩'이라는 암묵적인 규칙이 생겨난 것은 아닐까?

물론 이 말 했다, 저 말 했다, 변덕이 죽 끓듯 하는 태도도 문제겠지만 원래 자신 안에는 다양한 생각이 있음을 인정하는 쪽이 바람직하지 않을까? 이런 사실을 인정하면 자유로워질 수 있다. 나아가 타인에게도 관대해질 수 있다. 그런데 이를 쉽게 실천하지 못하는 이유는 사회와 개인이 맺는 관계 때문이다. 사회는 끊임없이 개인에게 한결같기를 강요한다. 이런 강요가 신분에 따른 복장 규제를 낳았으며, 남자다움과 여자다움을 강요하는 고정된 교육 역시 같은 맥락에서 비롯되었다.

어찌되었든 남자냐, 여자냐를 따지는 남녀의 성별은 '동일한 나'를 규정하는 하나의 명칭임에는 분명하다. 게다가 하나의 이름이 정해지면 성격, 사고방식 등 그 내용이 아무리 변하더라도 개명하지 않는 한 동일하게 불린다. 그렇기 때문에 '나는 언제나 한결같고 변함이 없어야 한다'고 생각하는 것도 당연하다.

선거철이 되면 '무당파(無黨派)'라는 단어가 자주 등장한다. 나도 이 무당파에 속한다. 사실 당파라는 말은 대개 부정적인 의미로 쓰인다. 일부 사람들의 이익을 도모하려는 것, 그것이 파벌이자 당파이기 때문이다. 그렇다면 무당파가 좋지 않을까? 하지만 무당파는 일관된 견해 없이 그때그때의 상황에 따라 이로운 쪽으로 행동하는 사람들이라는 인상이 강하다. 이는 사회 속에서 어떤 고정된 이해관계를 가진 지위에 있는 사람들이 '책임감 있는 어른'으로 비춰지기 때문이다.

선거 때 지지하는 당이 없는 사람들은 사회에 속한 사람이 아니라고 표현되기도 한다. 이해관계로 얽힌 업계의 집합이 일본 사회라면 무당파는 사회에 속하지 않는 사람이라는 의미를 지닌다. 따라서 무당파라는 단어에는 '철부지 계집애를 어엿한 인간으로 대접해줄 필요는 없다', 이런 뉘앙스가 없지 않다.

사회에 발을 붙이고 살아가려면 아무래도 업계에 휘둘리기 마련이다. 이는 내 인생을 돌이켜보더라도 함부로 단정 짓기 어려운 문제다. 평생 자신이 속한 업계에서 생활하면 나름 생활은 가능하다. 이해관계와 가치관도 업계에 일치시키면서 살아갈 수 있다. 이를 뒤집어서 말하면, 업계란 다면적인 개인을 하나로 고정시키는 장치라고 말할 수 있다. 이 업계의 근원은 '촌락 공동체'다. 회사도 촌락이고 대학도 촌락이며 관청도 하나의 촌락이다.

앞에서 서술했듯이 동일 인물 안에 생각이 다른 여러 명의 인물, 즉 다양한 개성이 존재할 수 있다. 이런 다중성을 금지하는 주체는 사회다. 금지하는 쪽이 사회나 업계의 이익에 적합하기 때문이다. 그래서 '멸사봉공(滅私奉公, 사욕을 버리고 공익을 위해 씀)'이라는 고사성어도 있지 않은가.

이를테면, 업계 사람을 어떤 규칙으로 구속하려 한다고 치자. 가장 쉽게 구속할 수 있는 사람을 꼽는다면 관료가 아닐까 싶다. 근무지가 한정되어 있고 하는 일이 정해져 있기 때문이다. 따라서 '국가 공무원 윤리법' 같은 규칙이 훌륭하게 기능한다. 이 규칙을 일일이 따르자면 불편한 일이 한두 가지가 아니다. 하지만 기업인은 구속당하는 대신 자신의 이익을 보장받을 수 있다.

한때 '다중 인격'이라는 단어가 핫이슈로 떠오른 적이 있다. 다중 인격을 다룬 미국 서적들이 번역되어 베스트셀러가 되었다. 그 책의 주 독자층은 젊은 여성들이었다. 다시 한 번 언급하지만 스스로 다중 인격자일지도 모른다는 사실을 깨닫는 사람은 대개 '철부지 계집애'다.

반면 사회에 속한 사람들은 자신이 하나의 인격과 의견을 갖춘 '책임감 있는 어른'이라고 자부하며 살아간다. 때문에 자신이 다중 인격자라고는 꿈에도 생각하지 않는다. 하지만 스스로 이를 의심하지 않고 철석같이 믿는다고 해서 타인 역시 그렇다고 생각한다면 오산이다. 이는 전혀 별개의 문제라는 사실은 누구나 아는 진리다.

궁핍했던 시절의 위대한 업적들

지난 여름에는 영국을 방문했다.* 업무차 런던을 들렀는데 그때 자연사박물관에서 19세기의 일본 곤충표본을 확인했다. 박물관에 전시된 곤충표본은 조지 루이스(George Lewis)라는 훌륭한 채집가가 모은 것으로, 루이스가 직접 일본에서 채집한 곤충도 있고 당시 일본인이 채집한 곤충도 있었다.

실은 루이스가 일본의 딱정벌레목을 거의 판명했다고 말해도 무방하다. 루이스가 분류 전문가는 아니었기 때문에 대부분의 표본을 전문가에게 건

● 이 글은 2001년 11월에 쓰였다.

넸고, 그 결과 수많은 신종이 기재된 것이다.

　루이스에 대해 좀 더 소개하면, 그는 일본을 두 번 방문했다. 첫 번째 방문 때는 서(西)일본, 두 번째 방문 때는 동(東)일본을 찾았다. 먼저 서일본을 둘러본 후 일본의 곤충은 동남아시아의 갑충 모둠과 비슷하다고 추측했지만 동일본을 접한 뒤 유럽의 곤충과 닮았다고 자신의 생각을 정정했다. 실제로 다시 바꾼 견해가 더 정확해 보인다. 왜냐하면 전문 용어로 이른바 유라시아계 요소라고 부르는 것들이 중심을 차지하고 있기 때문이다.

　단, 아마미오 섬에서 오키나와에 이르는 지역은 동양구로 오리엔탈 요소가 강하다. 아주 오래전에 류큐(琉球)제도는 옛 양쯔 강 하구에 있던 산지였다. 지금도 해저에는 양쯔 강의 흔적이 남아 있다. 실제 베트남에서 곤충을 채집해보면 일본 류큐 섬에서만 볼 수 있는 곤충의 모둠이 발견된다. 이는 오리엔탈 요소를 증명해주는 사례다.

　런던 자연사박물관에 전시된 일본 표본은 19세기에서 시계가 멈춘 듯하다. 이후 추가된 자료가 거의 없기 때문이다. 아쉽게도 주어진 시간이 며칠밖에 없어서 비록 19세기 곤충이라도 모든 갑충을 확인하는 일은 불가능했다. 바구밋과 가운데 내가 조사하고 있는 한 모둠만 간신히 보았을 따름이다.

　현재 녹색가루바구미속은 일본에 14종이 서식한다. 자연사박물관에는 그 가운데 한 종을 제외하고 13종의 표본이 있었다. 이 중 루이스가 채집한 종이 12종이나 되니 그가 얼마나 훌륭한 채집가였는지 알 수 있다. 루이스가 채집하지 않은 한 종은 왜 잡지 않았는지, 혹은 왜 잡지 못했는지 그 이유가 더 궁금할 정도다.

자연사박물관의 자료는 루이스 이후 많은 사람들이 훑어보았다. 일본인으로는 규슈대학교의 모리모토 가츠라(森本桂) 교수가 일부 종명(種名)의 라벨을 추가했다. 그런데 표본 배열을 보면 뭔가 색다른 점이 느껴진다.

루이스가 채집한 곤충을 바탕으로 일본의 녹색가루바구미속을 연구한 사람은 데이비드 샤프(David Sharp)로, 당시 갑충 분류 전문가로 명성을 날린 인물이다. 자연사박물관 갑충 전시실에는 샤프의 사진이 걸려 있다. 백발의 할아버지가 곤충채집망을 들고 잔디밭에서 뒹굴고 있는 모습이다.

나는 19세기 말에 작성된 샤프의 논문을 도쿄대학교 재학 시절에 처음 읽었다. 그 논문을 현재의 표본과 비교해보면 표본 배열과 샤프의 논문이 겹친다. 과학자들은 곤충의 분류는 곤충 자체가 그렇게 말한다고 주장하고 싶을 것이다. 그러나 반드시 그렇지만은 않은 듯하다. 모든 것은 어떤 의미에서 보면 '사물을 보는 관점'이라 할 수 있다. 표본을 배열한 방법을 보면 샤프라는 연구학자의 관점이 나에게 전해지기 때문이다.

당시 샤프와 비교한다면, 나는 지금 훨씬 많은 표본과 더 훌륭한 관찰 기구를 갖추고 있다. 게다가 19세기 이후 몇 가지 새로운 데이터가 밝혀졌다. 따라서 오늘날 샤프의 표본 배열법을 다시 보면, 당시 샤프가 무엇을 어떻게 생각했는지 읽어낼 수 있다. 표본 배열 방식은 샤프가 활동했던 시대와 똑같지는 않지만 거의 변함이 없다. 이 방식을 보면 샤프가 어떤 점을 혼란스러워했는지도 엿볼 수 있다.

이는 중요한 문제다. 표본 자체는 자연의 산물이기 때문에 표본에서 얻은 자료는 '객관적'이다. 하지만 표본 배열법이라는 창을 통해 샤프의 사고방식을 읽을 수 있다. 다시 말해 자연과 인위의 관계가 박물관에 전시된 표본에 고스란히 나타나는 것이다. 바로 이 점이 나의 뇌를 자극했다.

대개 표본이란 하나의 단품이라고 생각한다. 하지만 표본에는 인간의 다양한 활동이 새겨져 있다. 표본을 보는 안목만 생기면 누구라도 이런 점을 읽어낼 수 있다. 흔히 미술품을 보관하는 상자에는 진품임을 보증하는 작가와 감정가의 서명 날인이 있다. 쉽게 말하면 표본 배열법 또한 이 미술품의 진품 보증서와 아주 흡사하다. "이 곤충은 진품 ○○종으로 동시대의 이런 작품과 어깨를 나란히 합니다"라는 전문가의 감정 문서나 마찬가지다. 만약 그 감정이 틀리다면 왜 틀렸는지 표본 배열법에서 파악할 수도 있다.

그렇다면 이렇게 시시콜콜한 걸 알아서 도대체 뭐에 써먹을까? 재무성 공무원이 "곤충표본에 어떤 경제 효과가 있습니까?"라고 묻는다면 나는 "그럼 당신이 살아 있어서 어떤 경제 효과를 올릴 수 있다는 거죠?"라고 되물을 권리가 있다. 그러면서 마음속으로 이렇게 말할 것이다.

'당신이 없어도 인간 세상은 잘 돌아가거든요. 어쩌면 없는 쪽이 훨씬 잘 돌아갈지도 몰라요.'

당시 샤프의 관점에는 논란거리가 있다. 하지만 큰 줄기는 감탄사가 절로 나올 만큼 아주 정확하다. 머나먼 나라였던 일본에서 얼마 안 되는 표본을 수집해 분류했는데 그 결과가 오늘날의 안목으로 봐도 크게 어긋나지 않는다. 보는 눈이 있다면 바로 알 수 있다. 이는 초보자라면 이해하기 어려운 부분이다. 마치 미술품 감정처럼 말이다.

분류와 감정은 공통분모가 많다. 어느 순간 진품과 위조품을 구별할 줄 아는 '감(感)'이 생긴다. 이 경지에 이르면 이후에는 거의 틀리지 않는다. 말 그대로 '척 보면' 알 수 있다.

아마추어에게 이런 '감'을 논리적으로 설명하기란 참으로 어려운 일이 아닐 수 없다. 이는 자전거 타기나 수영을 말로 설명할 때의 상황을 떠올려 보면 쉽게 이해할 수 있다. 자전거를 못 타는 사람이나 수영을 전혀 하지 못하는 사람은 어떻게 하면 자전거를 탈 수 있고, 또 수영을 할 수 있는지 아무리 설명을 들어도 감을 잡기가 어렵다. 직접 타보고 헤엄쳐봐야 알 수 있다. 그 방법밖에는 없다. 그렇다고 일단 시도한다 해도 모든 사람이 자전거를 탈 수 있고 수영을 할 수 있다고 100퍼센트 보증하기도 어렵다. 그저 "대부분 해보면 하게 되니까, 당신도 할 수 있을 거야"라는 선에서 설명은 그치고 만다.

젊은이를 교육할 때도 이 부분이 급소이자 가장 어려운 부분이다. 결국 '안목', 곧 '감'은 스스로 배양해야 하기 때문이다. 바로 이것이 '배워 익혀서 자신의 것으로 만든다'는 공부의 참뜻이다. 교양은 단순히 머리나 코, 얼굴이 아닌 온몸에 배어 있어야 한다. 마찬가지로 안목도 몸으로 직접 배우고 익혀서 자신의 것으로 소화시켜야 한다.

안타깝게도 오늘날 교육에는 이 부분이 빠져 있다. 학생은 교실에 앉아서 교사가 수업 시간에 떠드는 말을 들으면 뭔가 배우고 있다고 생각한다. 어쩌면 정말로 뭔가 배웠을지도 모른다. 하지만 단순히 배웠을 뿐 익히는 것은 전혀 별개의 문제다. 배운 것을 스스로 실천해보고 익히지 않는 한 완벽하게 자신의 것으로 만들 수 없다. 이는 누구나 알고 있는 진리다.

배우고 온몸으로 익히는 일이 참된 교육이라고 여기던 시절이 있었다. 그런데 현대인은 이러한 교육 방침을 구닥다리라고 폄하한다. 그래서 배우고 익혀서 몸에 배도록 만드는 교육을 찾아보기란 여간 힘들다.

제대로 익히지 못한 사람은 조직에 의지하게 된다. 혼자 힘으로 할 수 있는 일이 없으니 조직의 그늘에서 지낼 수밖에 없다. 이것이 현대인의 의지박약, 나약함의 원인이다. 그리하여 젊은이들은 막연하게 불안감을 느낀다.

루이스와 샤프는 지금보다 훨씬 가난했던 시대의 사람들이다. 궁핍했던 시절에 그들이 충분히 이루어낸 업적을 지금 우리는 이루기 어렵다. 그 이유에 대해, 문명개화 세상에 사는 나는 그저 고개를 갸우뚱할 따름이다.

세상이 변한다는 것은

8월, 런던에 가기 전 사흘 정도 베를린에서 머물렀다.* 인체 표본전을 열고 있는 옛 친구 군터 폰 하겐스(Gunther von Hagens)를 만나기 위해서였다. 하겐스는 플라스티네이션(Plastination) 연구소를 설립하고, 인체 표본 연구에 온갖 열정을 쏟아 붓고 있다.

표본 제작 방법을 간단하게 소개하면 다음과 같다. 인체에서 수분을 완전히 제거한 다음 그 자리에 플라스틱을 넣어 단단하게 고정시킨다. 이렇게 하면 영구 보존이 가능한 표본이 된다. 방식 자체는 최첨단이 아니지만

● 이 글은 2001년 12월에 쓰였다.

그 열의는 예사롭지 않다.

내가 하겐스를 처음 만났을 때, 그는 독일 하이델베르크 대학교의 강사였다. 어느 대학이나 마찬가지겠지만 대학에는 수많은 연구자들이 있다. 사실 이런 종류의 연구는 연구자들에게 인기가 없다. 장차 노벨상 수상을 노릴 수 있는 응용 분야도 아니고, 아무리 해부학 교실이라고 해도 줄곧 시신을 다루는 일이 그리 달가운 일만은 아닐 것이다. 무엇보다 대학에서 제공하는 해부학 연구실은 늘 협소하기 마련이다.

그래서 하겐스가 생각해낸 방법이 자택을 개조하는 것이었다. 따지고 보면 위법행위이지만, 지하실을 새롭게 뚫었다. 당시만 해도 철의 장막이 있어서 동유럽에서 온 망명자 등을 고용해 큰돈을 들이지 않고 공사를 벌일 수 있었다. 지하실을 파내면 당연히 흙이 나온다. 그 흙은 집 앞마당에 쌓아두었다.

자택 1층 계단을 옆으로 돌아가면 문이 나온다. 이 문을 열면 지하실로 들어가는 입구로 이어진다. 지하와 3층이라는 차이는 있지만 히틀러 시대에 살았던 안네 프랑크의 집 같다. 그 지하실이 곤충 해부실이다. 처음 지하실을 방문했을 때 '이렇게 열정적으로 자신의 일에 매달리는 해부학자가 일본에도 과연 있을까' 하는 궁금증이 생겼다. 아마 집에서 해부를 하겠다고 하면 가족들이 가만있지 않을 것이다. 실은 하겐스의 부인도 해부학자다. 그리고 이 부부에게 자녀는 없다.

7년 전, 일본해부학회의 100주년 기념사업이 있었다. 그전까지 하겐스의 표본은 학회에서만 구경할 수 있었는데 일본에서 기념사업의 일환으로 일반 전시를 시도했다. 결과는 대성공이었다. 도쿄에서 플라스틱을 이용한 인체 표본을 일반인을 대상으로 전시한 것은 세계 최초의 일이었기에 더욱 화제가 되었다.

나는 이 기획을 10년 전부터 염두에 두었다. 실현하기까지 수많은 난관이 있었지만 시작이 반이라고 했던가. 옳다고 믿는 바를 신념으로 삼고 관철시키면 일은 풀리기 마련이다. 그렇게 절실히 믿었다. 테러리스트 역시 이와 같은 생각을 할 테지만 말이다. 이는 전혀 별개의 문제라는 사실을 굳이 설명하지 않아도 이해하리라 믿는다.

이후 하겐스는 자국인 독일에서 일반 전시를 개최했는데 역시 성공했다. 독일 대도시 가운데 처음으로 베를린 전시회가 7월부터 열렸다. 내가 방문한 8월 초에는 관람객이 100만 명을 넘었다. 베를린 인구가 400만 명이라고 하니 인구의 4분의 1이 관람한 셈이다.

당연한 이야기겠지만 표본 제작에는 돈이 많이 든다. 하겐스도 돈 문제로 골머리를 앓았는데 도쿄 전시에서 성공한 덕분에 경제적인 부담감을 떨칠 수 있었다. 사업가라면 돈벌이라는 이윤 구조에 민감하겠지만 이런 연구는 영리사업이 아니다. 따라서 표본 제작, 기술 발전을 위한 모든 자금을 연구자 스스로 조달해야 한다.

보통 과학 연구는 국가의 지원을 받는 경우가 많다. 그런데 기초 순수 연구는 당장 돈이 되지 않으니 지원을 받기 어렵다. 특히 전도유망한 연구 사업은 다르겠지만 요즘 시대에는 경제 효과를 묻는 재무성 관료의 심문을 피할 수 없다. 그런 점에서 하겐스의 연구는 모범 사례로 꼽힐 만하다. 경제적으로 공공에 민폐를 끼치지 않았기 때문이다.

한편 이런 연구에는 사회적 저항감이 큰 것도 사실이다. 거부감이 없는 사업이라면 돈도 모으기 쉽고 과학자 자신도 쉽게 일을 추진할 수 있다. 그러나 모든 사람이 어려운 길보다 안정적이고 편한 길만 가려고 한다면 어떻게 될까?

"학자는 세상과 동떨어져서 연구실에만 파묻혀 살아가면 된다"는 말은 정말 호랑이 담배 피우던 시절의 옛이야기가 되어버렸다. 크고 작은 연구비가 과학자의 발목을 잡기 때문이다. 연구자의 가시밭길은 여기서 그치지 않는다. 일례로 서구의 근대과학은 태동기에 교회의 저항에 부딪혔다. 에도시대에는 일본의 해부학도 수많은 난관에 봉착했다.

사회적 저항과 충돌할 정도의 학문이 아니라면 사회에 도움을 주지 못한다. 나는 그렇게 생각하지만 보통 사회는 그렇게 생각하지 않는다. 세상에 쓸모 있는 학문이라면 처음부터 세상에 도움을 줄 것이라고 생각한다. 이는 옳은 사고법이 아니다. 진정한 학문은 세상을 바꾸기 때문이다. 바뀐 세상에서 무엇이 유용할지는 세상이 변하지 않으면 알 수 없다.

이는 개인도 마찬가지다. 인터뷰 자리에서 내가 이런 주장을 펼치면 "그런 문제를 생각하다가는 회사에서 당장 잘리죠"라며 매스컴 관계자들이 입을 모은다. 물론 그 말도 맞는 말이다. 또 직장을 잃을지도 모른다는 불안감이 얼마나 큰지도 잘 안다. 하지만 이것만은 확실하다. 해고당하는 순간, '회사에서 잘리면 어떻게 하지?' 하는 가장 큰 우려는 사라진다. 이미 해고당했으니까 말이다.

"지금 뭔 소리 하시는 거예요?" 하고 소리치는 독자도 있을 것이다. 그러나 내가 하고 싶은 말은, 세상이 변한다는 것은 현재의 가치관이 변하는 것을 뜻한다는 것이다. 마찬가지로 자신의 상황이 변한다는 것은 자신의 가치관도 변하는 것을 의미한다. 그렇다면 회사를 그만둔 다음 스스로 이 문제를 어떻게 생각하고 받아들일지는 회사를 떠나보지 않으면 알 길이 없다. 회사에 근무하면서 해고나 퇴직 이후의 일을 상상하더라도 정확한 실체는 알 수 없다. 그런데도 이러한 진실을 모르는 사람이 상당히 많은 것 같다. 왜냐하면 대다수가 자신과 세상이 지금 당장은 변하지 않을 것으로 믿기 때문이다. 이것이야말로 내가 생각하는 '천하태평'의 정의다.

자신이 변하고 바뀌는 것을 두려워하는 것은 당연한 일이다. 자신이 변한다는 것은 지금까지의 내가 죽고, 새로운 내가 태어나는 일이다. 누구나 죽음은 두렵다. 하지만 자신이 변하는 체험을 거듭하면 더는 죽는 것이 두렵지 않다. 죽는 경험을 몇 번이나 겪었기 때문이다. 이를 억지 주장이라고 생각하는 사람을 위해 공자의 말을 인용해본다.

"아침에 도를 들으면 저녁에 죽어도 좋다."

이 말을 '아침에 공부하면 저녁에 죽어도 좋다'고 단순하게 해석한다면 공자가 너무 무책임한 사람이 되고 만다. 아무리 중국이 엉뚱한 나라라고 해도 그런 바보 같은 이야기가 2천 년 이상 면면히 전해올 리는 없다.

진실을 배우면 스스로 변하게 된다. 뿐만 아니라 세상도 달라 보인다. 곧 과거의 내가 죽고 새로운 내가 태어난다는 뜻이다. 사는 동안 환골탈태의 체험을 되풀이하면 어느 날 갑자기 죽는다 해도 그리 놀라지 않게 된다.

지금까지 몇 번이고 죽는 연습을 반복했으니 말이다. 이것이 공자가 한 말의 참뜻이라고 나는 생각한다. 그래서 '군자표변(君子豹變, 군자는 허물을 고쳐 올바로 행함이 빠르고 뚜렷함)', '괄목상대(刮目相對, 남의 학식이나 재주가 생각보다 부쩍 늚)'라는 고사성어도 있는 것이다.

여기까지 내 설명을 듣고도 아직 이해가 안 된다면 스스로 변해본 경험이 없기 때문일 것이다. 나로서는 이렇게밖에 말할 수 없다.

세상이 변하는 것도 개인이 변하는 것과 마찬가지다. 변화한 세상의 가치관은 종전과는 전혀 다르다. 무엇이 어떻게 변한다는 구체적인 모습은 변화하기 이전에는 전혀 예상할 수 없다. 따라서 '이렇게 하면 저렇게 된다'는 현대인의 사고는 기본적으로 옳지 않다. 하지만 회사든 관청이든 '이렇게 하면 저렇게 된다'는 예측이 없으면 움직이지 않는다. 결과적으로 세상이 이상하게 돌아가더라도 새삼스러운 일이 아니라고 생각하지만, 대부분의 사람들은 그렇게 생각하지 않는 듯하다.

'환경 사랑'의 속내

　현재 내가 몸담고 있는 기타사토 대학교는 이과대학이 주를 이룬다. 의학, 약학, 간호학 등의 의학 분야와 수의학, 수산학 등의 생물 관련 학부가 있다. 여기에서 나는 교양과목을 맡고 있는데, 학생들이 원하는 주제를 스스로 정해서 10~15분 정도 발표를 하게 한다. 한 학기에 수십 명이 발표하는데 그중 10퍼센트가 넘는 많은 학생들이 환경문제를 이야기한다.
　발표 주제는 아르바이트에서 동아리 활동, 자살에서 문학에 이르기까지 무척이나 다채롭다. 이처럼 다양한 주제를 감안한다면 환경문제는 열 손가락 안에 드는 중요한 화제다. 정치나 경제학부라면 이야기가 달라질지도 모르겠다.

학생들의 발표 시간이 되면 늘 느끼는 바가 있다.

'이야기가 너무 추상적이잖아? 어디까지가 저 친구의 진짜 속마음이지? 만약 저들이 취직을 하고 생활 전선에 뛰어든다면 환경문제를 얼마나 중요하게 여길까?'

젊은이의 이야기가 추상적으로 흐르는 것은 어제오늘의 일이 아니다. 내가 학교를 다니던 50년 전에도 그 추상적인 성향이 정치 문제로 표출되었다.

학생들은 핵실험 반대를 부르짖었지만 실험 주체국은 미국, 소련, 중국 정부였다. 일본은 그 국가 가운데 끼지 않았다. 분명 핵실험 결과는 일본 학생들에게도 영향을 끼칠 수 있었다. 학생들의 주장은 그런 의미에서 정당했다고 보인다. 하지만 실험국 당사자가 피해를 입을 가능성이 더 크다. 따라서 해당 국가의 국민들은 핵실험에 당연히 반대할 것이다. 그들이 반대 의견을 표명하지 않는 이유는 '정치가 억압하고 있기 때문'이라고 당시 학생들은 주장했다. 결국 학생운동은 친소(親蘇)니, 친중(親中)이니 식의 정치 운동으로 번졌다.

환경문제는 이와 흡사하면서도 약간 다른 양상을 띤다. 비슷한 점은 환경에 대해 거론할 때 대부분의 학생들이 환경보호에만 집착한다는 사실이다. 환경이라는 문제를 이런저런 시각으로 바라보지 못한다. '지금 이대로는 안 된다!' 그것이 전부다. 심하게 말하면, 환경 원리주의에 빠져 있다. 이런 원리주의는 취직을 하면 바로 힘을 잃는다. 예전의 학생운동처럼 말이다.

내가 앞에서 '추상적'이라고 말한 것은 이 원리주의를 두고 한 말이다. 그렇다면 원리주의는 추상적인가? 실은 그렇지도 않다. 추상이니, 현실이니 하는 단어는 그다지 의미가 없다. 뇌를 공부하면 이런 답을 이끌어낼 수 있다. 어찌되었든 모든 것은 뇌의 인식이기 때문이다.

사실 학생들을 향해 추상적이라고 비난한들 교육에는 전혀 도움이 되지 않는다. 이는 경험에서 터득한 진실이다. 뇌의 인식이라는 관점에서 말하자면, 현실이란 그 사람의 행동에 영향을 끼치는 것을 의미한다. 학생들의 눈높이로 보면 핵실험은 시위에 참가할 만한 현실이었다. 그러나 당시 회사에 다니던 평범한 직장인들은 핵실험을 현실로 인식하지 않았다. 핵실험은 직장인들의 행동에 아무런 영향을 끼치지 않았기 때문이다.

뇌는 입출력 장치다. 입력은 오감이고, 출력은 행동이다. 그런데 오감을 통해 뭔가를 주입해도 출력이 제로인 경우가 있다. 이때 당사자에게는 그 입력과 관련된 일은 현실이 아니다. 그렇다면 입력은 있지만 출력이 없는 이유는 무엇일까? 이는 뇌가 뇌 속을 통과하는 정보의 무게를 달기 때문이다. 곧 정보의 무게가 제로라면 자연히 입력은 소실된다.

뇌 이야기를 시작하면 좀처럼 끝이 보이지 않는다. 하지만 저울이 제로(0)를 가리키는 상황은 일상생활에서도 쉽게 이해할 수 있는 부분이다. 예를 들면 한때 학생들은 핵실험을 꽤나 무거운 주제로 느꼈다. 이에 비해 일반 시민들은 같은 문제를 전혀 무겁게 느끼지 못했다.

환경문제도 이와 마찬가지다. 개발업자들에게 환경문제는 아무런 무게도 지니지 않는다. 하지만 경제는 다르다. 얼마나 이득인지, 얼마나 손해인지는 아주 중요한 문제이기 때문이다. 그 벌어들이는 액수에 따라 행동이 달라진다. 따라서 돈은 업자들의 현실이다.

일상에서는 뇌의 '무게 달기'를 가치관이라고 표현한다. 여기에서 가치관이라는 단어를 쓰지 않는 이유는 가치관을 주관이라고 여기는 암묵의 일치가 존재하기 때문이다. 무게 달기는 주관이 아니다. 이는 함수에서 말하는 '비례상수'와 동일하다. 비례상수는 일정한 값이지만 구체적인 숫자로 정해져 있지 않다. 수학에서는 이를 'a'라고 표기한다. 곧 $y=ax$에서 a는 변하지 않는 일정한 값이다. 하지만 아직 확정되지 않았기 때문에 구체적인 숫자가 아닌, 그저 a라고 하는 것이다. 그렇다면 도대체 왜 이런 '추상적인' 논쟁을 펼치고 있는 것인가?

인간을 이해하려면 a를 확정할 필요가 있다. 환경문제를 논하는 기초는 바로 여기에 숨어 있다. 개중에는 환경을 입력했을 때 'a=0'이라고 생각하는 사람이 존재한다. 이 사람에게는 아무리 환경문제를 입력해도 출력이 나오지 않는다. 종교에서는 이런 사람을 '인연 없는 중생'이라고 말한다. 이런 사람은 구제하기 어렵다. 곧 도와주기 어렵다. 연이 없으면 도와주려고 해도 도와줄 수가 없다. 이들은 "누가 도와달라고 했소?"라며 소리칠 테지만 말이다. 요즘 젊은이들의 표현을 빌리자면 '신경 끄세요'라고 말하는 것이다.

반면에 a가 제로가 아니라면 환경에 관심이 있다는 뜻이다. 단, a는 플러스와 마이너스 값을 모두 취할 수 있다. 마이너스는 '싫다'를 뜻한다. 이런 사람들은 환경이라는 말만 들어도 신경질을 내거나 부정적인 행동을 한다. 나무가 잘 자라고 있는 모습을 보면 성가시다고 싹둑 잘라버린다거나 곤충은 눈에 띄면 안 된다고 생각하거나 뱀 따위는 보기도 싫다고 혐오하는 사람들이 이에 속한다.

반대로 a가 플러스 값을 취해도 그 값이 행동에 거의 영향을 끼치지 못할 만큼 미미한 수치일 수도 있다. 하지만 언어 표현으로는 미세한 수치의 차이를 구별하기란 쉬운 일이 아니다. 언어의 문제는 바로 여기에 있다. 본심과 언어가 서로 등을 돌리고 있을 때 이를 거짓말이라고 하지만, 반드시 거짓말이라고 단정 짓기는 어렵다. 본인도 자신의 속마음을 미처 깨닫지 못할 때도 있을 테니까 말이다. 곧 무게중심이 어디에 있는지 본인 스스로 착각하는 경우가 있다.

나는 가마쿠라에 산다. 이곳에서는 녹색운동이 한창이다. 하지만 오래 전부터 이곳에 살아온 터줏대감들은 이런 녹색운동을 못마땅해한다. '산을 깎고 이사를 온 건 바로 당신네들이잖아!' 하는 불편한 감정이 언어 저편에서 새어 나온다.

만약 가마쿠라로 이사를 온 이유가 '공기가 좋아서' 라고 치자. 그렇다면 환경보호에 관심이 있는 것은 당연한 걸까? 그렇게 생각하는 것은 순진한 해석이다.

어느 순간부터 새로 이사 온 주민들은 녹지를 밀어버리고 새집을 지었다. 자신이 나무를 베었으니 더 이상 나무를 베지 마라는 주장이 이해가 갈 듯하면서도 이해가 가지 않았다. 참으로 알쏭달쏭한 일이 아닐 수 없었다. 그들이 정말로 환경을 소중히 여겼다면, 애초부터 이사를 오지 않았을 것이다. 그것이 녹지를 지키는 길이니까 말이다.

그렇다면 새로 전입한 주민들의 a, 곧 무게중심은 어디에 있을까? 실은 환경보호가 아닐 가능성도 다분하다. 일본에서 가장 소비자물가가 높고, 세금이 비싸고, 지방 교부금이 없는 지방자치단체에 기꺼이 이사 온 걸 보면 동기는 돈이 아닐 것이다. '까짓것, 그 돈이 몇 푼이나 한다고?' 라는 발상 자체가 그들이 부자임을 뜻한다. 그럼 '결국 당신네들은 브랜드를 산 거잖아!' 하고 토박이들은 비아냥댄다.

가마쿠라라는 도시가 브랜드냐고 묻는다면, 그렇게 생각하는 사람도 있고 나처럼 전혀 아니라고 반박하는 사람도 있을 것이다. 어찌되었든 환경문제가 가마쿠라에서만큼은 명품의 브랜드가 사라지는 것과 같다고 본다면 고개를 절로 끄덕이게 될 것이다.

거리가 오염되고 녹지가 훼손되면 더 이상 브랜드라고 자랑하기는 어렵다. 만약 이런 동기에서 녹지를 지키자고 말한다면 이는 진정한 녹색운동과는 거리가 멀다. 브랜드 안에는 자연뿐 아니라 인공물이 들어가기 때문이다. 오히려 브랜드는 인공에 가깝다.

요즘 세상은 자연에 브랜드 옷을 입히는 것이 유행이다. 세계 유산이 대표적인 사례다. 이는 궁극적으로 자연보호에 반하는 일이라고 생각한다. 이러한 정황들을 논리적으로 반박하려면 좀 더 시간이 걸릴 테지만 말이다.

자연이라는 브랜드

'환경은 브랜드다'라고 정의하면 환경보호에 관심을 갖는 젊은이들의 태도가 이해가 된다. 요즘 젊은이들이 브랜드를 선호하는 것은 널리 알려진 사실이니까 말이다. 브랜드 선호가 나쁜 것은 아니다. 브랜드를 품질이 좋은 명품이라고 여긴다면, 당연히 브랜드를 따져야 할지도 모른다. 그런데 명품에 정통한 사람에게 물어보면 요즘은 모조품도 질이 좋은 경우가 많다고 한다.

기업은 상대적으로 인건비가 적게 드는 지역에서 모조품을 만든다. 그러면 진품보다 저렴하면서도 질 좋은 짝퉁이 만들어진다. 이런 메커니즘을 잘 아는 사람이 할인매장에서 짝퉁이라고 믿고 브랜드 물품을 구입했다면 비싼 진품이 마뜩찮게 여겨진다. 이런 기묘한 이야기를 듣고 나니 진짜와 가짜, 참과 거짓은 과연 무엇인가 하는 의구심마저 든다.

환경문제도 이와 비슷한 측면이 있다. 요즘은 너도나도 시골을 개발해 관광객을 끌어모으려고 한다. 이때 관심의 초점은 자연이다. 이런 사업이 잘되면 좋겠지만 대개 속 빈 강정이 되고 만다. 본디 개발은 그 속성상 '자연'을 파헤쳐야 하는데, '시골'을 파헤쳐서 자연과 친해진다는 말 자체가 모순이기 때문이다. 앞뒤가 맞지 않는 말이다.

시라카미(白神) 산지*를 놓고, 되도록 입산을 금지해야 한다는 주장과 출입을 금한다면 관광 명소로서 의미가 없다는 주장이 팽팽히 맞서고 있다. 야쿠(屋久) 섬* 역시 이와 비슷한 문제를 안고 있다. 등산객이 늘어나면 환경이 나빠지는 것은 당연하다. 삼나무 뿌리를 짓밟으니까 나무가 약해지고 만다. 개발을 주장하는 사람들 입장에서 보면 이용객 증가는 환영할 일이다. 그러나 환경보호를 주장하는 사람들 입장에서 보면 그것은 결국 산을 훼손하는 일이다. 양측의 주장이 나름 타당한 이유가 있기 때문에 어느 한쪽의 손을 들어주기란 쉽지 않다.

말레이시아나 태국의 휴양지에 가보면 번쩍번쩍한 리조트 호텔이 우뚝 서 있다. 이곳 리조트 호텔에서 선보이는 상품은 다름 아닌 자연이다. 이런 현상도 자연이라는 브랜드 명품을 팔고 있다고 생각하면 고개가 끄덕여진다.

● 시라카미 산지와 야쿠 섬은 2010년 현재 관광 명소로 각광받고 있다.

푸껫을 찾는 관광객들은 대개 유럽인이다. 한겨울에 유럽인이 푸껫에 오면 따뜻한 날씨만으로도 자연을 느낄 수 있다. 이후에는 호텔 수영장 혹은 바다에서 수영을 하면 그만이다. 나처럼 곤충을 잡으려고 하는 고객은 아무도 염두에 두지 않는다.

곤충쟁이의 눈으로 보면, 호텔에서 자연을 느낄 만한 곳은 한 군데도 없다. 호텔 입구에는 남미나 아프리카 원산으로 보이는 식물이 심어져 있다. 가끔 불빛에 날아다니는 곤충을 보면 잔디에서 생긴 코즈모폴리턴(cosmopolitan, 세계주의자)이다. 우리 집 현관 전등에도 붙어 있는 녀석들인데 태국까지 와서 그런 '잡충'을 잡고 싶지는 않다.

인간의 손길이 전혀 닿지 않은 곳이 자연이라는 생각은 미국식 자연관이다. 일본은 마을 앞산과 뒷산에 작은 산이 넘치기 때문이다. 일본식 자연관에서는 인간의 손길이 미치는 곳도 당연히 자연이라고 여긴다. 나는 일본 사람이기 때문에 일본식 자연관을 갖고 있다. 가만히 생각해보면 자연 보호를 위해 입산 금지 조치를 내리는 일도 자연에 대한 인간의 손길 중 하나다. 망을 보거나 위반을 적발하는 일은 자연에 대한 관심을 표명하는 것이자 자연을 정성스럽게 손질하는 작업이기 때문이다.

일본식 자연 손질 작업은 자연을 보살피며 잘 매만지는 것이다. 먼저 자연을 어엿한 생명체로 인정해주고 그 생명체의 형편을 살피면서 자신의 형편에 맞게 조율하며 돌봐준다. 가장 중요한 것은 자연을 인정해주는 일이다.

내가 불도저를 싫어하는 이유는 자연이라는 생명체를 무시하고 작업을 강행하기 때문이다. 아무렇지도 않게 산을 두 동강으로 토막 내버린다. 불도저를 이용하면 능률 면에서는 효과를 보겠지만 모든 일이 그렇듯 능률과 예의는 종종 상반된다. 긴 안목으로 본다면 예의와 친절이 훨씬 오래간다. 같은 맥락에서 예의란, 단기적으로는 비효율적이지만 장기적으로는 효율적이다.

단기와 장기라는 시점 이야기가 나왔으니 말인데, 어느 날 신칸센(일본의 고속철도)을 타고 가는데 지난 10년인가, 30년 동안 일본 경제의 생산성이 16배 증가했다는 뉴스가 들렸다. 생산성이 16배 증가했다는 이야기는 예전에는 16명이 하던 일을 지금은 한 사람이 하게 됐다는 것을 뜻했다. 그 순간 '그럼 나머지 15명은 어떻게 하지?' 하는 생각이 내 머릿속을 스쳤다.

며칠 전, 지방 소도시 역에 내려서 택시로 갈아탔을 때의 일이다. "옛날에는 여기가 다 논밭이었죠" 하며 운전기사가 먼저 말을 꺼냈다. 이어 친구가 지금도 농사를 짓고 있는데 예전에 열 집이 경작하던 논을 지금은 친구 혼자 짓는다는 말도 덧붙였다. 바로 이것이 생산성의 향상을 의미한다. 그럼 '나머지 아홉 집은 지금 뭘 하지?' 라는 의문이 들었다. 이 질문을 던지려는 찰나 목적지에 도착해 내려야만 했다. 아마도 그 기사 아저씨가 아홉 집 가운데 하나이리라.

정부는 잉여 인구를 의료나 교육과 같은 서비스 업종으로 전환하면 문제가 없다고 주장한다. 이런 의견도 이해는 가지만 사람마다 맞는 적성이 다르고 과거에 받은 교육도 다르다. 종전 산업에 맞추어 받았던 교육을 완전히 무시한 채, 어느 날 갑자기 서비스업으로 바꾸려고 하면 부작용이 따르기 마련이다. 앞으로는 문과냐, 이과냐를 따지기보다 인간을 상대로 하는 일인지 혹은 자연을 상대로 하는 일인지로 구분해서 교육하는 것이 바람직하다. 어느 쪽인가에 따라 사고방식의 전제도 달라질 테니까 말이다.

다시 본제로 돌아와서 이야기를 해보겠다. 자연을 브랜드로 삼는 일에는 여러 난점이 있다. 하지만 현대사회에서 나온 훌륭한 지혜라고 생각한다. 지금까지의 추이를 살펴보면, 이것 말고는 자연을 보호할 만한 획기적인 방법이 없는 듯하다.

영국에서 최초로 자연보호 지역을 선정해 '내셔널 트러스트(National Trust, 국민환경기금)'를 실천한 사람은 찰스 로스차일드다. 1920년대에 이미 영국 전체 국토에서 180군데를 보호 지역으로 간주했다. 찰스 로스차일드의 딸인 미리엄 로스차일드는 이 보호 지역이 어떻게 변했는지 재조사한 결과를 1997년에 발표했다. 결과는 좋지 않았다. 보호가 잘된 지역도 물론 있었지만 대부분은 전혀 다른 모습으로 변해버렸고 사라진 곳도 많았다.

일본의 상황은 이보다 더 비참하다. 일본의 경우, 과거의 기록이 없기 때문에 조사 자체가 불가능하다. 야쿠 섬과 시라카미 산지가 세계 유산으로 선정된 것은 브랜드로 뽑힌 거나 마찬가지다. 브랜드의 단점은 너무 많이 생산하면 브랜드로서 가치가 떨어진다는 점이다. 이런 단점을 보완하기 위해서는 차별화를 해야 할 필요가 있다.

'국제습지조약(람사르조약)'으로 습지를 보호하고 있지만 이는 온갖 변화 조건을 달아서 브랜드로 모신다는 방침 중 하나다. 일본식으로 표현하자면 동네방네 흩어져 있는 작은 산을 브랜드로 만든다는 의미를 지닌다.

나라(奈良) 지방의 가스가(春日) 산은 도시 근교 저지대의 원시림으로, 세계에서도 손꼽히는 숲이다. 이곳에서는 반가운 곤충을 많이 채집할 수 있다. 옛 조몬(繩文) 시대에는 가스가 산 주변의 산도 모두 귀히 여겼지만 지금은 예전의 화려했던 모습은 찾아보기 힘들다. 가스가 산 주변부는 브랜드가 아닌 싸구려가 되고 만 것이다.

브랜드화가 지나치면 효과가 없다. 자연보호를 외치는 사람들은 독수리, 매, 올빼미 같은 맹금류의 서식에 촉각을 곤두세운다. 그런데 이 동물들이 자연보호 운동에 지나치게 자주 언급되다 보니 오히려 사람들의 관심에서 멀어졌다. 국토교통성의 한 담당자가 매를 발견해 내키지 않는 댐 공사를 지연하겠다고 말하자, 마을의 이장이 "그 매는 국토교통성에서 풀어놓은 매잖아요?"라고 말하며 이맛살을 찌푸렸다는 에피소드를 들은 적이 있다.

우리의 자연은 그 자체만으로도 세계의 명품 브랜드로서 가치가 있을까? 나는 그렇게 생각하지만 유감스럽게도 겸양의 미덕 탓인지 홍보가 부족하다. 홍보만 부족한 게 아니다. 우리의 자연사를 담은 책도 보지 못했다. 자연의 특징을 담은 교과서조차 없는 실정인 것이다.

자연은 복잡하기에 한 사람이 집필하기 어려운 문제도 있지만, 진짜 문제는 이것이 아니다. 전통적으로 일본인은 자연을 벗으로 삼아왔는데, 이를 정확하게 기록하려는 공공의 노력이 전혀 없었다. 열정적인 아마추어는 많지만, 이를 하나로 정리하기는 어렵다. 그렇다면 어떻게 해야 하나? 이 대책은 또 다른 관심거리가 될 것이다.

교육문제는 환경문제다

　현대사회에서 가장 큰 문제는 무엇일까? 지금 당장 답을 꼽으라면 경제에 이어 정치라고 말하는 사람이 많을 것이다. 이상적으로 보면 그렇지만 이 모범답안에 뭔가 오류는 없는지 고개를 갸웃하게 된다. 왜냐하면 장기적으로 보면 정치, 경제보다 환경이 가장 심각한 문제임은 명백하기 때문이다. 이를 인간 사회의 문제로 옮긴다면 교육문제와 연관된다. 어린이는 자연에 속하기 때문에 교육문제가 바로 환경문제인 것이다.
　최근(2002년 기준) 어린이들의 변화와 관련해, 환경호르몬의 영향이라는 의심의 목소리가 끊임없이 제기되고 있다. 내가 아는 보육원에도 올해 두 명의 장애 아동이 새로 들어왔다. 마침 의대 동기인 소아과 의사가 보육원

담당 의사로 있어서 물었다.

"선천적 장애로 고생하는 아이들이 늘어나고 있지는 않아?"

그러자 내 예상대로 그렇다는 대답이 돌아왔다. 이 문제를 정확하게 조사하고 싶지만, 구체적이고 실증적인 근거를 갖고 있지 않은 나로서는 관련 통계를 내는 일 자체가 어려웠다. 이는 환경문제와 교육문제가 밀접하게 얽힌 분야다.

만약 선천성 이상이 증가했다 해도 진단법의 발달로 태어나기 전에 중절될 확률이 과거보다 훨씬 높아졌다. 따라서 선천성 이상이 얼마나 증가했는지 판단하기 어렵다는 사실은 조사해보지 않아도 충분히 짐작할 수 있다. 게다가 예전과 비교하고 싶어도 과거의 자료가 확실하다는 보장도 없다.

이야기는 제2차 세계대전 이후의 일본으로 돌아간다. 전후 일본이 평화와 민주주의를 겉으로 표방해온 것은 사실이다. 그렇다면 일본의 사회생활 변화는 국민의 뜻에 따른 것이라는 결론을 도출할 수 있는데 정말 그럴까? 최근 몇 년 동안 내가 품고 있는 의문이다.

가까운 예로 내 생활을 이야기해보자. 하루 종일 나는 의자에 앉아서 생활한다. 특히 학교에서는 의자 없는 생활을 상상도 할 수 없다. 그런데 흥미롭게도 최첨단 세상인 방송국의 휴게실이 다다미방으로 꾸며져 있었다. 사극을 비롯해 방송 프로그램에 맞는 다양한 시대의 분장이 필요하기 때문에 다다미방이 필요하겠다 싶었지만 그게 진짜 이유일까?

예전에는 부잣집에 대개 양실이 하나씩 있었다. 지금은 대부분의 가정에 다다미방이 하나씩 있다. 평소 나는 늘 의자와 함께 생활하지만 정작 의자에 앉을 때의 자세부터 시작해 의자 생활에 맞는 몸가짐과 예절을 배운 기억이 전혀 없다. 그래서 고급 소파에 앉으면 완전히 푹 꺼지는 듯 가라앉는 느낌이 든다. 그뿐만이 아니다. 오랜 시간 기차 여행을 할 때면 나도 모르게 책상다리 자세가 나온다. 보기에 흉하고 예의에도 어긋난다는 사실을 잘 알고 있다. 하지만 이 역시 의자 생활과 관련해서 생각해볼 때 예절 교육을 받은 기억이 없다.

2001년 연말에는 태국의 치앙마이(Chiang Mai)를 방문했다. 나는 동남아시아의 시골을 참 좋아한다. 특히 다양한 음식이 내 입맛에 딱 맞아서 더 좋은 것 같다. 시골 장터에서 오이를 사서 소금에 찍어 먹으면 그렇게 맛있을 수가 없다. 일본에서는 이런 음식을 제대로 맛볼 수가 없다. 프랑스 요리나 중국 요리를 만들 때처럼, 요즘 일본의 채소는 충분히 씻고 또 조리를 해야 먹을 수 있다. 게다가 농촌에서는 자가 소비용 작물과 판매용 농산물을 따로 재배하는 농가가 많다고 한다. 이는 자연의 맛을 살린 농산물보다는 보기에 크고 먹음직스러운 작물을 소비자가 더 선호한다는 반증이다.

대학을 포함한 모든 학교 건물은 철근과 에어컨으로 중무장하고 있어 예전처럼 외풍이 새어 드는 곳은 찾아보기 어렵다. 내가 조교수로 근무할 때만 해도 도쿄대학교의 큰 강의실에는 석탄 난로가 있어서 수업 시간에 학교 직원이 석탄을 보충해주었다. 에어컨이 빵빵하게 돌아가는 곳에서는 담배를 피울 수 없다. 건강상의 이유도 있겠지만 모든 방이 갇힌 밀폐 공간으로 설계된 현대식 건물에서는 담배를 피우고 싶어도 피울 수가 없다.

며칠 전 도쿄도청에 갈 일이 있었는데 이런 곳은 진짜 멀리하고 싶은 장소 중 하나다. 도청 근처 스미토모 빌딩에는 아사히문화센터가 있다. 여기도 가끔 일이 있어서 가지만 역시 피하고 싶은 곳이다. 고층 빌딩은 나와 궁합이 잘 맞지 않는 것 같다.

빌딩에 갇혀 있으면 밖으로 나가기가 어렵다. 도청 직원 이야기를 들어보니, 빌딩에 있으면 외부로 이동하기 어려운 것이 사실이라고 했다. 층마다 다르겠지만 점심시간처럼 혼잡할 때는 4층 식당에 가려면 엘리베이터를 10분 이상 기다려야 한다고 하니 거의 전철 수준이다.

자질구레한 일을 끄집어내자면 끝이 없다. 아무튼 내가 말하고 싶은 것은 일상의 변화다. 이런 일상의 변화는 국회에서 국민의 대표가 모여 충분히 의논한 뒤 결정한 일인가? 진정으로 묻고 싶다. 사람들은 종종 "민주주의 나라니까"라고 곧잘 말한다. 하지만 "일상생활을 구체적으로 이렇게 바꾸겠습니다"라고 말하는 정치가의 공약은 들어본 적이 없다.

내 어머니는 가나가와 현 산촌 마을 출신이다. 덕분에 초등학교는 말을 타고 다녔다는 이야기를 들은 적이 있다. 식수는 산에서 대나무 통으로 끌어왔다고 했다. 내가 자란 가마쿠라 집에는 수도가 있었지만 단수가 되는 일이 흔해서 우물을 함께 이용했다.

앞에서도 잠깐 언급했듯, 2차 세계대전 이후 일본에는 적리라는 돌림병이 유행했다. 어머니의 부모님과 동생, 그러니까 내 조부모님과 이모는 종전 직후에 적리에 걸려 목숨을 잃었다. 가마쿠라에서도 적리가 유행했는데 나 역시 이 병을 심하게 앓았다.

초등학교 시절에는 가마쿠라 마을에도 소나 말이 많아서 어린아이들은 가축의 똥을 밟지 않고 걷는 곡예를 몸에 익혀야 했다. 이처럼 어머니가 자란 환경과 내가 자란 환경은 그동안 세상이 변한 만큼 많이 변했을 것이다. 하지만 그렇다고 해서 전혀 몰라보게 딴 세상이 되지는 않았다. 하지만 전후 50년이 지나 내 아이들이 자란 환경은 내가 자란 환경과 360도 달라졌다. 이 변화를 과연 우리는 '민주적으로' 결정했을까?

일상생활의 변화는 아주 사소한 일 같지만 매우 중요한 일이다. 경제성장이라는 대의명분으로 일상을 제멋대로 바꾼 것이 지난 50년의 역사라고 하면 지나친 폭언일까? 그 결과로 빚어진 일이 환경문제다. 오늘날의 환경문제는 단순히 자연을 보호하자는 수준이 아니라 우리의 일상생활, 즉 인생의 문제로 심각하게 대두되고 있다.

어린이와 관련된 제반 문제가 그러하다. 선거권이 없는 어린아이들은 사회 변화에 대해 자신의 의견을 주장할 수 없다. 그래서 다른 세계보다 더 빨리, 더 쉽게 어린이들이 살아가는 세상을 분별없이 바꿔버리는 일도 어렵지 않다. 과거와 달리 현재의 아이들은 마땅히 뛰어놀 장소와 같이 뛰어놀 친구가 없다. 대신 게임기가 두 손에 쥐어졌고 방과 후에는 학원에 가야 한다. 대학 진학은 당연시된다. "아이들이 이것을 진정으로 원하는가?", "아이들에게 꼭 필요한가?"는 부차적인 질문이다.

일본 문부성은 조령모개(朝令暮改, 아침에 내린 명령을 저녁에 고친다는 뜻)로 관련법을 바꾸고 있다. 이는 빠르게 변모하는 시대를 따라가기 위한 것이 아니라 자신이 없기 때문이다. 10년을 하루같이 같은 일을 하는 보수적인 사회라면 개혁이 있을 수 있지만 1년 365일 변하는 사회에서는 아무리 개혁을 떠들어봤자 씨알도 먹히지 않는다.

옛날이라면 이런 시대에는 쇄국정책으로 맞섰을지 모른다. 오늘날 일본 사회는 외부에서 들어온 것이 너무 많아서 소화불량이 되었다. 지금 상황을 소화제로 간신히 버틸 수 있는 사람도 있을지 모르겠지만 대다수가 부적응을 호소하고 있다. 학생과 어린이들을 곁에서 지켜보는 나로서는 이런 생각을 떨쳐버릴 수가 없다.

환경문제와 정치의 복잡한 관계

쿠릴열도 남단의 쿠나스리(國後) 섬에 있는 '우호의 집'은 원래 지진이나 재해 발생 시 피난을 겸한 숙박 시설로 지어졌다. '우호의 집' 건립 공사와 관련이 있는 스즈키 무네오(鈴木宗男) 의원의 이름과 연관 지어 '무네오 하우스'라고 부르기도 한다. 그런데 요즘 '무네오 하우스' 관련 언론 보도를 보면서 만감이 교차했다.

"쿠릴열도 4개 섬은 지금 이대로 두는 게 낫다."

이 주장은 환경에 관심 있는 많은 사람들한테 들은 이야기다. 일본에 반환된다 해도 고작 휴양지로 이용될 것이다. 그러면 잇따른 개발로 지금까지 보존된 자연이 파괴될 가능성이 높아질 것은 자명하다. 따라서 지금

이대로가 더 낫다는 것이 환경운동가들의 주장이었다. 이런 이야기를 여러 환경운동가들한테서 들은 기억이 있다. 나는 '무네오 하우스' 의혹 보도를 접하면서 쿠릴열도와 환경을 새삼 떠올렸다.

사실 쿠릴열도는 개인적인 관심사인 곤충과는 별로 인연이 없다. 쿠릴열도는 캐나다나 미국 북부와 마찬가지로 마지막 빙하기에는 육지가 아닌 얼음이었을 것으로 추측된다. 그렇다면 육지에 사는 생물은 빙하기 이후에 이주한 것이니, 동물 모둠이 풍부할 리가 없다. 단, 해저는 예외다. 해저에서는 한랭기에도 충분히 생물이 서식할 수 있기 때문에 북쪽의 바다 생물은 지금도 풍부하다. 이것이 정치적, 경제적으로는 어업 문제가 된다.

환경과 정치는 관계가 깊다. 하지만 결과적으로 밀접한 관계를 맺게 된 것이지, 본디 환경과 정치는 그다지 관련이 없었다. 이것이 환경문제를 야기하는 요인 가운데 하나다. 지금은 이것이 세계적으로 문제가 되고 있다. 그래서 환경과 정치를 유기적으로 결합하는 시스템을 구축하는 것이 초미의 관심사다. 굳이 교토의정서●의 배경을 언급할 필요도 없다.

정치는 인간과 관련이 있고 환경은 기본적으로 자연과 관련이 있다. 도시에서는 자연과 인간이 서로 대립하기 때문에 궁합이 맞지 않는 것은 어쩔 수 없다. 다만, 자연과 인간의 힘겨루기가 사회 전체에 어떤 영향을 미칠 것인지를 전혀 예측하기 어려운 시대가 되었다.

● 교토의정서(京都議定書) : 1997년 12월 일본 교토에서 개최된 기후변화협약 제3차 당사국총회에서 채택된 기후변화협약에 따른 온실가스 감축 목표에 관한 의정서

무네오 의원은 오래전부터 다양한 사건에서 이름이 거론되었다. 나처럼 정치 문외한의 귀에도 소문이 들려올 정도면 정치계 전문가는 예전부터 알았을 것이다. 한 잡지에서 〈나카가와 이치로(中川一郎)를 살해한 이는 무네오〉라는 수기를 읽은 적이 있다. '이런 내용을 실어도 괜찮을까?' 하며 고개를 갸우뚱했던 기억이 지금도 생생하다. 그 기사가 특별히 문제가 되지 않은 걸 보면 정계는 충격적인 스캔들이 회자되어도 아무렇지도 않은 것 같다. "저 녀석은 각료를 두 번이나 해먹었으니 돈을 축적했지" 하며 노골적으로 비난하는 전직 각료도 있었다. 그때는 그 말을 들으면서 '정치판은 원래 그런 것인가?' 하며 그냥 흘려들었다.

환경과 관련해서도 이와 비슷한 일이 무수히 많다. '이렇게까지 무너져도 괜찮을까?'라는 심각한 문제가 그대로 방치되어왔다. 개발 공사와 관련해서 말하자면 공사 관계자 중 환경에 관심 있는 사람을 보지 못했다. 말도 안 되는 일이 정비라는 미명 아래 지금도 버젓이 자행되고 있다.

일일이 책망하고 싶은 마음도 없으니 오랫동안 침묵하고 있는지도 모르겠다. 말을 꺼내려면 내가 직접 공사를 알아야 한다. 무심하게 들릴지도 모르지만 내가 전문적인 지식을 쌓은 분야는 공사가 아니다. 의학이다. 그 의학을 놓고 다양한 비판이 쏟아지고 있다. 비판이 제기될 때마다 나는 머릿속으로 이렇게 중얼거린다.

'그럼, 당신이 의사를 해봐요. 해보면 알 테니까.'

현장에는 현장에서 부딪히는 수많은 문제가 있기 마련이다. 이를 이해하려면 현장을 알아야 한다. 마찬가지로 공사와 관련해 문제를 제기하려면 궁극적으로 내가 공사를 알고 공사와 관련이 있어야 한다.

현실에서 이를 실천에 옮길 수 없다면 나머지는 교육의 힘에 기댈 수밖에 없다. 환자를 생각하는 의학, 환경을 배려하는 공사, 이것이 당연하다는 마음가짐을 어렸을 때부터 길러야 한다. 그러니 이 나이가 되어서도 초등학생, 유치원생을 데리고 곤충을 잡으러 다닌다. 젊은 학생을 대상으로 강의를 하고 잡문을 쓴다. 이것이 내가 구체적으로 실천에 옮길 수 있는 유일한 처방전이다.

많은 사람들이 이러쿵저러쿵 말하기 좋아하는 정치판에서도 '무네오 하우스' 같은 비리 의혹이 공론화되기란 쉽지 않다. 그렇다면 피해자가 침묵하는 환경문제가 표면으로 드러나지 않는 것은 당연하다. 애초 환경문제의 피해자는 인간 이외의 생물이자 미래의 우리 자손들이다. 정치에서 권리를 주장할 만한 대표권이 그들에게는 없다.

정치학은 이런 문제를 더 진지하게 생각해야 한다. '무네오 하우스' 자체는 아무래도 좋다. 세상을 떠들썩하게 만든 비리 의혹이 정치권에서 빙산의 일각이라면 환경에서는 이런 문제가 셀 수 없을 만큼 빈번하게 생긴다. 정치학자가 이런 생각을 좀 하면 좋겠다. 정치에 권리를 주장할 수 없는 관계자를 어떻게 하면 정치 안으로 흡수할 수 있을까 하는 문제는 충분히 검토할 만한 가치가 있다고 본다.

대개 정치학자들은 오늘날의 정치를 분석하는 일에 매달리지만 세상 사람들은 그들을 보고 '그래서 전문가는 도움이 안 된다'고 떨떠름하게 여긴다.

환경문제에도 정치형 문제와 자연형 문제가 있다. '무네오 하우스'에도 이 두 가지 측면이 등장한다. '무네오 하우스' 건립 공사가 현장 환경을 배려한 것인지 아닌지 나는 우선 이 문제가 신경 쓰였다. 반면에 저널리즘이 문제로 삼은 것은 정치 쪽이다. 일본 외무성에서 무네오 의원의 파워가 어느 정도인지, 공사 대가로 뇌물을 얼마나 받았는지를 더 궁금해한다. 이는 정치형 문제다.

건물이 얼마나 환경을 배려했느냐 하는 문제는 일반적, 보편적 문제다. 한편 무네오 의원이 어떻게 했느냐는 개별적, 국지적 문제다. 정치에서는 후자가 종종 표면으로 드러난다. 하지만 일반성과 보편성에 초점을 맞추어 개별 문제의 중요성을 결정하는 것이 좀 더 의미 있는 정치적 판단이다. 이런 점에 생각이 미치면 비정치적 사고가 궁극적으로는 정치적 사고가 될 수 있다. 되풀이해서 말하지만 정치나 경제는 그 시대가 빚어내는 잡음 같은 것이다. 그러나 환경문제는 잡음이 아닌 본질적인 문제다.

왜 히틀러가 대중의 지지를 받았을까? 왜 옴진리교에 신자들이 모였을까? 이를 단순히 선동정치의 문제라고 단정 지을 수는 없다. 대중사회 자체를 문제로 삼는 사람들이 있다는 사실도 잘 안다. '대중을 어디까지 신뢰할 수 있을까?' 하는 문제일 것이다. 하지만 대중을 신뢰하지 않고, 이른바 민주정치가 가능하다고는 생각하지 않는다.

정치에 마키아벨리즘(Machiavellism)은 따르기 마련인데 그 가운데 이데올로기도 포함된다. 이데올로기를 배제한 정치는 있을 수 없다. 만약 그것이 가능하다면 정치를 컴퓨터에 맡긴 셈이다. 그도 그럴 것이 컴퓨터는 모든 것을 데이터와 절차로 환원하기 때문이다. 지금은 이런 작업이 근대적, 이성적으로 간주될 가능성이 높다.

어쩌면 훌륭한 정치가는 가장 좋은 선동정치가일지도 모른다. 인간이 모든 것을 파악하지 못하는 이상, 어느 부분에서는 근거가 확실하지 않은 판단을 내려야만 한다. 이럴 때 컴퓨터라면 단순 확률을 제시할 것이다. 하지만 확률 제시는 판단이 아니다.

환경문제에도 선동정치가 있다는 사실은 쉽게 이해할 수 있다. 환경문제를 진심으로 해결하려고 할 때 선동정치는 유해하다. 하지만 정치 세계가 그러하듯이 무엇이 선동이고 진실인지는 구별하기 어렵다. 단기적으로 보면 선동정치 덕분에 일이 좋게 풀릴 수도 있다. 이를 효율적으로 활용할 수 있는 사람이라면 그 사람도 좋은 정치가라고 할 수 있지 않을까?

이제 우리는 정치가의 발목을 잡기보다 제대로 된 정치가를 어떻게 양성할 것인지를 고민해봐야 할 때다.

'그런 두루뭉술한 소리만 하신다면 제가 직접 나서겠습니다!'

젊은이들이 이렇게 생각하는 것이 가장 바람직한 일이라고 믿는다.

정답은 생각만큼 단순하지 않다

3월 초에 런던에 다녀왔다.* 그곳에서 벚꽃을 본 나는 깜짝 놀라고 말았다. 유럽에서는 벚꽃이 빨리 핀다는 사실은 알고 있었지만 3월 초에 벚꽃이 필 줄은 몰랐다. 런던의 벚꽃은 3월 초순에 이미 활짝 피어 있었다. 게다가 날씨도 좋았다. 안개의 나라 영국에서 연일 파란 하늘을 구경한 것은 실로 놀라운 일이 아닐 수 없었다.

3월 중순경 일본으로 돌아왔더니 일본 역시 벚꽃이 만개해 있었다. 그뿐만이 아니다. 집 주위의 모든 꽃들이 활짝 피어서 벚꽃보다 먼저 꽃망울

● 이 글은 2002년 5월에 쓰였다.

을 터뜨리는 목련, 살구, 명자가 꽃 잔치를 벌이고 있었다. 생각해보니 작년 이맘때도 '참 이상하다. 가마쿠라는 홋카이도가 아닌데 어찌된 거지?' 하며 고개를 갸웃한 기억이 난다. 실은 아내가 홋카이도 출신이라 봄이 되면 홋카이도에서는 거의 모든 꽃이 동시에 핀다는 이야기를 들은 적이 있다. 그렇다면 때 이른 벚꽃 소식이 이제는 일상이 되어버린 것일까? 하지만 내가 아는 한 올해가 꽃이 가장 빨리 핀 것 같다.

일본은 길쭉한 열도이다 보니 벚꽃 전선이라는 게 있다. 그러니 벚꽃이 피는 날짜가 해마다 조금씩 달라지는 것은 상식이다. 하지만 같은 지역에서 벚꽃의 개화 시기가 계속 앞당겨지는 것은 예사로운 일이 아니다. 내가 만약 가마쿠라의 원로라면 "쯧쯧, 이건 정상이 아니야" 하며 혀를 찰 것이다. 그러고 보니 이제 내 나이도 지팡이를 탁탁 치면서 미간에 잔뜩 주름을 지으며 "이건 아니야, 말세야 말세" 하며 대예언을 쏟아내도 어색하지 않은 나이가 되었다.

극지(북극권 또는 남극권과 같은 고위도 지역)에서는 빙산이 녹고, 토지가 물에 잠기고 장마는 사라진다. 이것이 지구온난화가 초래할 결과의 일부분이지만 이런 결과만을 논하자면 대재앙의 예언에 가깝다. 이렇듯 과학은 사회적으로 종교와 유사한 기능을 수행하고 있다.

근대사회에서는 종교의 자리에 과학을 올린 다음, 이를 '진보'라고 불러왔다. 우리가 맞이할 시대는 그 다음 시대일 것이다. 그런데 환경 관련 사회운동을 가만히 보고 있노라면, 그중 일부는 원리주의 양상을 띠는 것 같다. 운동의 태생을 떠나서 그런 운동 자체가 종교와 유사한 양상을 보이는 점은 많은 사람들이 느끼는 바다. 나 자신도 '나는 교조가 아니야'라고 자신에게 조용히 타이르고 싶을 때가 있다. 자꾸만 지팡이를 치면서 신탁(神託)을 내뱉고 싶어지기 때문이다. 신탁으로 흐르기 쉬운 이유는 세상만사를 정확하게 파악하는 일이 귀찮기 때문이다. 아니, 귀찮다기보다 정확한 파악은 애초부터 불가능한 것을 잘 알고 있기 때문이다.

나는 해부학을 전공했다. 그 과정에서 교과서 개정 작업에 참여한 적이 있다. 그때 과거의 논문을 검색하면서 깨달은 바가 있다. 바로 방대한 지식이 존재한다는 사실이다. 이렇게 많은 지식을 어떻게 머릿속에 다 넣을 수 있을까? 도저히 불가능한 일이 아닌가 싶다. 더구나 세상에는 해부학만 있는 게 아니다. 다른 분야까지 포함한다면 상상도 하고 싶지 않다.

당시 이와나미(岩波) 출판사의 『과학』이라는 잡지에 소개된 기사를 또렷이 기억하고 있다. '인간이 만들어낸 화합물은 몇 종류일까?'가 기사의 주제였는데, 분명 '800만'이라고 적혀 있었다. 다소 과장된 숫자일지 모르지만 인상에 남았다.

자연의 일부분인 우리 몸에 대해 세세한 사실을 전하는 해부학 지식의 양은 이미 개인의 머릿속에 다 집어넣지 못할 만큼 방대하다. 이뿐만이 아니다. 인공적으로 사람이 만들어낸 물질도 그 수를 헤아리기 힘들 정도로 많은데, 이에 관한 지식 역시 그 양이 방대해서 개인의 두뇌에 다 담을 수 없다. 그렇게 많은 화학물질들 가운데 어떤 것들은 서로 뒤섞여서 1만 종류 이상의 단백질을 포함한 세포로 들어간다. 그곳에서 무슨 일이 일어나는지 정확하게 파악할 수 있을까? 이렇게 복잡한 자연과 인공을 합친 세계는 또 얼마나 얽히고설켜 있을까?

혹자는 "과학이 진보하면 생명의 신비를 밝힐 수 있을 것"이라고 장담한다. 교과서 개정 작업에 참여할 당시에 그 말을 듣고 '그런 말을 하다니, 참으로 낙관적인 사람 같다'는 생각을 하면서도 정신이 아찔했다. 지금은, 충분히 지식을 습득하거나 깨닫지 못한 상태에서 사물을 움직이고 있으니까 이상한 결과가 나와도 당연하다고 생각한다.

사실 이런 이야기는 아무래도 좋다. 과학은 알고 싶다는 욕망과 호기심을 토대로 성립하기 때문에 결과가 어떻든 아무 상관없다. 결과를 모르더라도 과학이 알 바는 아니다. 알든 모르든 과학은 진보한다. 이것이 진보주의자의 속내다.

분명히 말하지만 지식은 진보한다. 그러나 이 지식을 모두 합하면 '그런데 왜 이런 문제는 아무도 생각하지 않았을까?'라는 의문에 사로잡히고 만다. 그래서 가장 기초적인 문제로 돌아가, 예를 들면 소립자를 취급하게 되는 것이다. 물리학자라면 그렇게 말할지도 모른다. 그러나 소립자를 규명하더라도 세포는 밝힐 수가 없다. 분자 구조가 명확해질수록 세포 자체는 복잡해진다. 이런 이치를 모를 만큼 물리학자는 바보가 아니다. 아주 세세한 부분까지 볼 수 있다는 것은 뒤집어 말하면 세계가 커졌다는 의미다. 이는 소립자에서 생태계를 구성하는 물질을 생각해보면 알 수 있다. 대장균 정도 크기의 게놈에서 염기 배열의 순열 조합은 10의 100만 제곱이다. 우주 전체의 소립자 수는 여기까지는 가지 않을 것이다.

과학의 진보는 경제 문제와도 닮아 있다. 2002년 현재 일본의 국가채

무가 700조 엔을 넘어섰다는 이야기가 있다. "이를 해결하려면 전쟁 혹은 인플레이션밖에 없다"고 사람들은 말한다. 특히 재무성의 진짜 속마음은 그럴 것이다. 나 또한 개인 빚이 눈덩이처럼 커진다면 파산을 생각할 테니까 말이다.

과학도 경제도 어차피 같은 원리를 바탕으로 성립한다. 의식의 세계라는 원리가 그것이다. 그러나 주목해야 할 것은 과학이나 경제의 세계에는 감정이 없다는 사실이다. 이 두 가지 세계의 유사점은 여기에 있다. 과학은 무한한 진보를 기대하고 경제는 무한한 성장을 요구한다. 알면 그만이라는 과학은 제한 없이 앞으로 진보하고, 움직이지 않으면 안 되는 경제는 오직 성장하려고 한다.

과학과 경제가 감정을 배제한 것은 정답이었다. 덕분에 예술이나 정치보다 근대화했다. 근대화란 이성이 지배하는 세계를 의미하기 때문이다. 다만, 지금에 와서는 그 정답이 문제를 야기하고 있는 것 같다.

과학과 경제의 공통점은 자유에 있다. 학문의 자유와 자유경제, 이것이 과학 기술과 경제의 발전을 허락했다. 정치는 오히려 그 발전을 저해하는 훼방꾼으로 기능했다. 이것이 근대화다. 그러니 정치는 뒤처졌다고 여겼다. 우리 생활의 구체적인 변화에는 이런 사실이 여실히 드러난다. 2차 세계대전 이후 일본의 잘사는 집에는 양실이 하나씩 있었다. 지금은 다다미방이 하나씩 있다. 어린아이들은 매일 6시간이나 텔레비전을 본다. 사람들이 자동차를 타지 않는 날은 거의 없다. 이는 일상생활의 극단적인 변화다.

그런데 이런 변화들은 민주적인 투표로 결정된 사항일까? 그건 아니다. 다시 말해 우리의 일상생활을 철저하게 바꾼 주인공은 분명 정치가 아니다. '자유로운' 과학 기술과 경제다.

환경문제는 여기에서 비롯되었다. 그렇다면 환경문제가 '정치' 문제는 아니라는 점은 너무나 명백하다. 따라서 사회 진보에 정치가 장애물이 됐던 것처럼, 환경문제를 해결하려 할 때도 정치는 장애물이 될 수밖에 없다. 흥미로운 사실은 새삼 환경문제에 감정, 곧 종교와 정치가 등장했다는 점이다. 앞에서 서술했듯이 원리주의까지 등장한 것이다.

여기까지 생각이 미치면, 이는 또 다른 정치 문제라고 할 수 있다. 종전의 정치 문제와는 다른 본질적인 정치 문제다. 그래서 나는 거꾸로 정치에 이성을 담아야 한다고 생각한다. 돌고 도는 순환이 인간 활동의 까다로운 부분이다. 그러나 정답은 생각만큼 단순하지 않다.

그럴 수밖에 없는 현대인의 숙명

곤충채집과 환경 이야기도 이쯤에서 일단락 지으려고 한다. 나는 처음 글을 시작할 때 무엇을 생각했던가? 사실 구체적인 곤충채집기를 쓸 작정이었다. 우리가 흔히 알고 있는 곤충 일기 말이다. '곤충 일기는 고등학교 때부터 써왔으니까 쉽게 쓸 수 있을 거야' 하며 크게 염려하지 않았다. 그런데 이 곤충 일기가 생각만큼 쉽게 써지지 않았다.

이유인즉, 내가 너무 바쁜 나머지 곤충을 잡으러 갈 시간이 없었다. 사실 더 큰 이유가 있는데, 구체적인 곤충 일기를 완성할 만큼 느긋한 마음으로 채집망을 들 수 없었다. 생활 자체가 워낙 바빴기 때문이다.

마음의 여유가 없으면 자연을 봐도 무덤덤하다. 세세하게 느끼는 바가 없으면 쓸 거리도 없다. 이 글을 쓰는 기간 중에 한 달 동안 아프리카를 방문한 적이 있었다. 이를 소개하면 꽤 긴 곤충기가 된다. 그런데 이야기보따리를 풀 수 없었다. 그만큼 내 삶에 여유가 없었기 때문이다.

나 자신이 얼마나 정신없이 살아가는 현대인인지는 이 책에서도 여실히 드러난다. 여유가 없다는 것은 온전히 마음의 문제로, 사실과는 전혀 별개의 문제다. 요컨대 일할 때 오직 결과를 재촉하면서 과정 자체를 즐기지 못하는 상황을 바쁘다고 말한다. 이렇게 허겁지겁 사는 것은 난폭하게 산다는 뜻이다. 이 글을 쓰는 동안 나는 내가 의도한 것보다 훨씬 난폭하게 살았다.

다행히도 얼마 전에 이런 난폭한 삶이 조금 진정됐다. 오랫동안 고민한 주제를 『인간과학(人間科學)』이라는 원고로 엮었는데, 그것이 책으로 완성됐기 때문이다. 지난 10년 가까이 대학에서 강의한 이야기를 모은 책인데 이 원고를 탈고했더니 할 일이 없어졌다. 집필하는 내내 뭔가에 쫓기는 기분이었지만 막상 책이 나오자 쫓아오는 녀석이 없어졌다. 그래서 더 이상 도망갈 필요가 없다. 이런 마음의 여유는 정말 오랫만에 느끼는 감정이다. 돌이켜보면, 학창 시절에는 참 느긋하게 살았던 것 같다.

요즘에는 꼭 해야 할 일이 눈에 띄지 않는다. 이따금 신문이나 잡지에 시평을 기고하고 있지만 솔직히 고백하면 쓰고 싶은 화제가 없다. 시평이라 함은 그때그때 일어나는 사건에 대해 뭔가 의견을 말하는 것이다. 의견을 토로하려면 위화감을 느껴야 하고, 그 위화감을 논제로 풀어가야 하는데 최근에는 위화감이 사라졌다. 달리 표현하면 사물을 봐도 '이래도 흥,

저래도 그만'이라는 식으로 관조하는 태도를 보인다. 그렇다고 자포자기 심정은 아니다. 그저 '세상이란 이런 것일까?' 하는 생각이 들면서 모든 감정이 차분한 상태로 수습된다. 그렇다 보니 모든 사물을 접했을 때 이렇다 할 특별한 감정이 솟구치지 않는다.

그런데 곤충 이야기는 구체적이니까 위화감과는 별개다. 게다가 느긋한 마음까지 확보했으니 지금부터는 근사한 채집기를 쓸 수 있을 것 같다. 고등학교 때는 누가 시키지 않아도 직접 원지(原紙)를 긁어서● 곤충 동인지를 만들었다. 마음의 여유가 생긴 요즘은 그때 그 기분이 되살아나는 듯하다.

학생 때는 오늘까지 뭔가를 마무리 짓지 않으면 세상이 무너질 만한 일은 그리 많지 않다. 학창 시절 가장 큰 고민거리인 입시와 장래 문제는 학생 자신뿐만 아니라 부모님과도 관련이 있다. 하지만 그것이 세상에 민폐를 끼치거나 사회에 파장을 몰고 오지는 않는다. 게다가 부양해야 할 가족도 없으니 자기와 부모님 선에서만 해결하면 된다.

내 나이가 환갑을 지난 지 벌써 5년이 되었으니● 나이는 많이 먹었지만 요즘 내 처지는 고등학생과 비슷하다. 지금 내가 죽는다고 해도 억울할 나이는 아니다. 세상을 떠난 오부치 게이조(小淵惠三) 수상과 가수 미소라 히바리(美空ひばり)와 나는 같은 해에 태어났다. 그래서 지금 당장 세상을 떠

● 원지를 긁어서 : 등사판으로 책을 맬 때 초를 먹인 원지에 글자를 쓰면(긁으면) 초가 벗겨져 그곳으로 잉크가 스며 인쇄되는데, 그런 과정의 하나를 설명하는 말이다.
● 이 글이 2002년 6월에 쓰였으니, 2010년 현재 요로 다케시 선생은 74세이다.

난다 한들 이상할 이유가 없다. 그럼에도 내가 바쁘게 살아가는 까닭은 아직까지 할 일이 있어서다. 그 일은 머릿속을 정리하는 일이다.

'나의 생각'이란 내 머릿속 총정리다. 머릿속은 여러 가지 상념들로 꽉 차 있다. 갖가지 생각들이 얽히고설킨 실타래처럼 복잡하다. 이 복잡한 실타래를 푸는 작업이 생각하는 일이다.

어떤 사물이나 사건을 보거나 들었을 때, 자신도 모르게 멈칫할 때가 있다. 이런 행동을 하는 이유는 위화감을 느끼기 때문이다. 하지만 우리는 이런 상황에 처하면 보통 "모른다"고 말한다. 이때 무엇을 모르는지, 어느 부분이 이해가 가지 않는지조차 확실하게 모를 때도 있다. 그런가 하면, 모르는 부분을 구체적인 형태로 확실히 알게 될 때도 있다.

꽤 오래전 사도가 섬의 돈덴 산 꼭대기에 오르는데, 갑자기 나무의 자취가 사라지면서 민둥산이 나왔다. 왜 벌거벗은 정상인지, 내 머릿속에는 그 이유가 의문점으로 남아 있었다. 30년 후, 다시 사도가 섬에 갈 기회가 있었는데, 그때 1910년대 돈덴 산의 풍경이 담긴 사진을 보았다. 사진 속에 등장하는 소와 말을 보고 그곳이 예전에는 목장이었다는 사실을 알아냈다. 순간 30년 동안 내 머릿속에 똬리를 틀었던 의문이 풀렸다.

물론 이런 구체적인 의문만이 아니다. 사회나 과학과 관련한 의구심이 항상 머릿속을 유영하고 있다. 이를 좇다 보면 몇 가지 의문이 정리된다. 이런 의문들은 나중에는 하나의 의문점으로 모아진다. 그래서 그 하나가 풀리면 여러 가지 문제들이 한꺼번에 해결되는 것이다.

'문제들이 해결된다'는 것은 내 머릿속에서 그러하다는 이야기다. 의문 자체가 나 혼자만의 것이기 때문이다. 돈덴 산을 보고 의구심을 품는 사람은 그리 많지 않다. 하지만 세상이나 과학 이야기가 나오면 돈덴 산보다는 일반성이 강해진다. 일반적이라고 생각하니까 책으로 만드는 것이다. 그렇지만 이 문제가 만인에게 통하는 보편성을 띠느냐고 묻는다면, 그 질문에는 확언하기 어렵다. 그저 세상을 향해 문제와 답을 발신할 수밖에 없다. 그것이 또 한 권의 책이 되었다.

나는 오랫동안 대학에서 교편을 잡았다. 그동안 연구라는 미명 아래 뭔가를 했는데, 지금 떠올려보면 그때 다양한 의문점이 샘솟았던 것 같다. 그런데 연구라 함은 이런 의문점을 푸는 작업이 아니었다. 연구는 구체적이지만 의문은 추상적이기 때문이다.

'오징어 다리에 빨판이 몇 개나 붙어 있을까?' 하는 의문을 푸는 일은 구체적인 일, 곧 연구이지만, 빨판의 수를 헤아리는 일에 어떤 의미가 있는지를 따지는 일은 추상적인 일, 곧 철학이다. 요컨대 연구는 외부 세상의 이야기였지만 의문은 나의 뇌의 이야기였다. 그러니 내 흥미가 뇌로 향한 것은 당연한 귀결이리라.

다만 문제가 뇌라는 점은 확실하지만, 가만히 생각해보면 그 문제의 뇌는 타인의 뇌가 아닌 바로 나 자신의 뇌. 나의 뇌를 정리하는 작업을 통해 월급을 받아서는 안 된다. 그것은 오직 나를 위한 일이기 때문이다. 그러니 의문을 좇는 과정에서 왜 대학을 그만두려고 했는지 지금은 이해가 간다. 이제야 새삼 그걸 깨달았으니, 난 참 바보 같다. 뭐 길게 말해도 마찬가지다.

이렇게 주저리주저리 떠드는 것은 요즘 내 마음에 이르기까지의 과정을 설명하기 위함인데, 장황할수록 마음 자체를 설명하지는 못한다. 내 마음을 한마디로 표현한다면, 느긋하다. 그래서 매일 곤충의 길이를 재고 있다. 곤충의 머리 폭을 재거나 눈알의 크기를 잰다. 마음의 여유가 없으면 이런 자잘한 자연에 몰두할 수 없다.

여유란 물리적인 시간이 아니다. 평온한 마음이다. 마음에 여유가 있을 때 하는 일이 본디 인간이 해야 할 일이 아닐까? 그 이외의 일을 하는 때는 긴급 상황, 곧 비상시다. 평생 대부분의 시간을 비상시로 보내니까 바쁜 것이다. 그것이 바로 현대인의 숙명일 테지만.

글을 마치며
'요로 곤충관'의 완성,
나의 자연사 몰두는 계속된다

　이 책이 마무리될 즈음 내 표본함도 완성되었다. 세상 사람들은 이를 '곤충관'이라고 부른다. 이름은 무엇이라 불러도 상관없지만, 아무튼 곤충 표본을 보관하는 건물이다. 건물 전체를 곤충표본으로 채우려고 했더니 가족들의 원성이 거셌다. 그래서 건물 중심에 표본을 넣고, 가족을 위한 장소를 덧붙였다.

　건축 설계는 후지모리 데루노부(藤森照信) 씨에게 부탁했다. 독특한 건물을 만드는 인물이니 세상의 표준 눈높이로 보자면 말도 많겠지만, 진심으로 믿고 맡길 수 있는 건축가다. 나는 곤충관이 무척 마음에 든다. 지역 건설회사도 이 기묘한 건물을 만들기 위해 애써주었다.

　실은 남들한테 보이려고 곤충관을 만든 게 아니다. 내 묘지라 생각하고 만들었다. 워낙 곤충을 많이 살생하였으니, 곤충과 함께 죽었으면 한다. 이런 마음으로 곤충관을 지었다. 개중에는 도락(道樂)이라고 생각하는 사람도 있을 테지만, 나는 그렇게 생각하지 않는다. 이런 기획은 개인이 아닌, 공공기관이 추진해야 마땅하다고 믿는다. 하지만 이런 이야기를 털어놓으면, "요즘 같은 불황에 웬 곤충, 바보 같은 소리 하지 마세요" 하며 단번에 거절당할 게 뻔하다. 인간은 바로 눈앞의 일에만 매달리는 속성이 있는데 정치는 특히 그러하다. 뭐 그렇다면 내가 할 수 있는 일부터 시도해 볼 수밖에.

나는 과학자가 되고 싶었지만, 되지 못했다. 책은 많이 팔렸지만, 아쉽게도 세상 사람들이 나를 온전히 이해해주었다는 느낌은 들지 않았다. 물론 다양한 얼굴을 가진 내 모습을 단면으로 이해해주는 친구는 많다. 이것이 인생이리라. 그런데 이 나이가 되니 그런 인생에 씁쓸한 슬픔이 배어나온다. 그런 회한이 곤충관이라는 모양새를 만들었다. 그 모양새, 형식을 내가 정한 것은 아니다. 형식이 있는 곳에 나 자신을 의탁했을 뿐이다. 사람이란 다 그런 게 아닐까?

과연 내 마음속 깊은 곳에 뻗어 있는 뿌리는 무엇일까? 그것은 내가 자라고 나를 키워준, 자연을 향한 애착이라고 생각한다. 자연은 인간의 모양새도 취하고, 곤충의 모양새도 취한다. 그런 의미에서 인간과 곤충은 다르지 않다.

대자연과 비교하면 인간은 너무나 작은 존재다. 그러니 모든 곤충을 조사하지도 못하고 기억하지도 못한다. 그토록 자연에 강렬한 애착이 있다면 건물이 아닌 자연 속으로 빠져들어 가야 하는 것 아닌가? 인간은 그런 존재가 못 되기에 문명을 만들었다. 곤충관이 이를 대변해준다.

이 책에 쓴 대로 여러 가지 일을 겪는 동안 곤충관을 완성할 수 있었다. 그런 의미에서 이 책과 곤충관은 내 마음속에서 필연의 끈으로 이어져 있다.

박물학, 자연사는 죽은 듯하지만 좀처럼 죽지 않는다. 본문에도 서술했듯이, 자연사는 인간의 삶이기 때문이다. 지금까지 의식적이든 무의식적이든 자연을 향한 삶을 추구할 수 있어서 정말 다행이다. 이 세상을 떠나는 날까지 이 일을 계속하고 싶다. 이제 자연사에 몰두해도 괜찮은 나이리라.

요로 다케시라는 인간이 다작(多作)하기를 바라는 독자 여러분에게 널리 양해를 구한다.

하코네 센고쿠하라에서 **요로 다케시**

옮긴이의 글
요로 다케시의 곤충은 그렇게 찾아왔다

지난 가을과 겨울 그리고 새해를 맞이하고 따스한 봄볕이 내리쬐는 오늘까지 나는 요로 다케시만 보고 또 찾아보았다. 요로 다케시가 곤충만 생각했듯이 나는 몇 달 동안을 요로 다케시, 더 정확히 말하면 요로 다케시의 곤충만 생각했다. 덕분에 바구미가 딱정벌레목에 속하는 곤충임을, 저자가 사랑하는 청록색가루바구미의 학명을 술술 외우게 되었다.

실은 이 책과의 인연은 몇 해 전으로 거슬러 올라간다. 이미 오래전에 검토 작업을 통해 이 책의 묘미를 맛보았고, 그 묘미를 독자들에게 전할 날만 손꼽아 기다렸다. 하지만 요로 선생의 말씀대로, 세상만사 내 뜻대로 되지 않는 게 우리네 인생이듯이, 돌고 돌아 마흔을 맞이하면서 가까스로 일본 최고의 지성으로 손꼽히는 선생의 글을 마주할 수 있었다.

　『바보의 벽』, 『죽음의 벽』, 『유뇌론』 등 잇단 문제작을 발표하면서 다채로운 담론을 생성한 바 있는 선생이지만, 이 책에는 오직 곤충만 보고 또 곤충만 생각하고 싶다는 진솔한 마음이 담겨 있어, 꾸미지 않은 요로 선생을 만날 수 있었다.

　그럼, 옮긴이이기 이전에 이 책의 열혈 독자로 느낀 감상을 잠시 소개하고자 한다. 먼저 이 책은 자연과학이라는 씨실과 철학이라는 날실을 엮어서 곱게 짜낸 자연과학 에세이, 곧 중수필이다. 요로 선생은 곤충이라는 창을 통해 세상과 인간, 그리고 사회를 날카롭게 해부하고 있다. 특히 곤충을 매개로 토해내는 사회 비판 정신은 이 책을 단순히 곤충 책이 아닌, 과학 철학서로 자리매김하는 데 일등공신이라 할 수 있겠다.

둘째, 이 책은 선생의 어린 시절 체험담은 물론이고 현재 일상생활을 엿볼 수 있는 신변잡기의 미셀러니, 곧 경수필이다. 특히 감성적, 주관적, 개인적인 경수필의 특성이 본문 곳곳에 숨어 있는 덕분에 선생의 다른 어떤 책보다 필체가 부드러워 술술 읽힌다.

셋째, 이 책의 가장 큰 매력이자 장점을 꼽는다면 지적, 객관적인 중수필과 감상적, 주관적인 경수필이 공존한다는 사실이다. 이 책에는 곤충채집을 위해 세계 각지를 유람한 곤충 기행문, 곤충을 매개로 환경 파괴를 신랄하게 비판하는 사회 르포, 저자 자신의 내밀한 체험담까지 다양한 장르가 부드럽게 녹아 있어 요로 선생의 철학은 물론이고 소소한 재미까지 얻을 수 있다.

옮긴이로서 고백컨대, 한 권의 책에 기행문, 중수필, 경수필 등 다양한 형식과 내용이 혼재하는 탓에 한 편 한 편의 글이 서로 부드럽게 이어지면서도 각 단편의 특성을 최대한 끌어올리면서 글맛이 살아 있는 번역을 해야 했기에, 이 책의 번역은 지독히 지난한 작업이었다.

하지만 요로 선생만 바라보고 선생의 곤충만 생각하면서 몇 차례 계절을 보낸 후 마침내 갖춘탈바꿈(완전변태)한 내 마음속의 곤충을 저 멀리 날려 보내려고 하니 아쉬운 마음이 앞선다.

그도 그럴 것이 작업하는 하루하루가, 위기에 처한 멸종 동물을 조사하면서 가슴 아팠고, 아프리카 지도를 뒤지면서 꼭 아프리카를 탐험하겠다고 두 주먹을 불끈 쥐었으며, 본문의 글이 처음 소개된 1999년에서 2002년을 떠올리며 나의 30대를 되새김질할 수 있는 의미로 가득 찬 시간들이었기 때문이다.

10년 동안 번역만 파고들었더니 이렇게 재미나면서도 깊이 있는 양서를 내리셨나 보다. 그저 곤충과 함께한 지난 시간들이 고마울 따름이다. 마지막으로 더딘 작업 속도에 지치고 힘들 때마다 따뜻한 사랑으로 독려해주신 전나무숲에 진심으로 감사의 인사를 전하고 싶다.

황소연

옮긴이 _ 황소연

상명대학교 사범대학 일어교육학과를 졸업한 후 출판사에서 번역과 기획을 담당했다.
현재 일본어권 전문 번역가로 활동 중이며, '바른번역 출판번역 아카데미'에서 일본어 번역 강의를 맡고 있다.
어려운 책을 쉬운 글로 옮기는, 그래서 독자를 미소 짓게 하는 '미소 번역가'가 되기 위해 오늘도 일본어와 또 우리말과 행복한 씨름을 하고 있다.
옮긴 책으로는 『죽을 때 후회하는 스물다섯 가지』, 『호오포노포노의 비밀』, 『마음에 빨간약 바르기』, 『잃어버린 기도의 비밀』 등의 비소설을 비롯해 『내 몸 안의 주치의 면역』, 『내 몸 안의 지식여행 인체생리』, 『내 몸 안의 작은 우주 분자생물학』, 『희망의 처방전 정신의학』 등의 교양과학 서적까지 약 70여 권이 있다.

유쾌한 공생을 꿈꾸다

초판 1쇄 인쇄 | 2010년 7월 25일
초판 1쇄 발행 | 2010년 8월 3일

지은이 | 요로 다케시
옮긴이 | 황소연
펴낸이 | 강효림

편　집 | 곽도경·김자영
디자인 | 채지연·박재선
홍　보 | 백지원
마케팅 | 민경업
관　리 | 정수진

종　이 | 화인페이퍼
인　쇄 | 한영문화사

펴낸곳 | 도서출판 전나무숲 檜林
출판등록 | 1994년 7월 15일·제10-1008호
주　소 | 121-819 서울시 마포구 동교동 206-3 코원빌딩 501호
전　화 | 02-322-7128
팩　스 | 02-325-0944
홈페이지 | www.firforest.co.kr

ISBN | 978-89-91373-78-5 (03490)

값 12,000원

이 책에 실린 글과 사진의 무단 전재와 무단 복제를 금합니다.
▪잘못된 책은 구입하신 서점에서 바꿔드립니다.